军用飞机鉴赏指南

经典

军情视点 编

金装典藏版

化学工业出版社

·北京·

本书不仅详细介绍了军用飞机的发展历史、未来趋势和一些专业的航空知识，还全面收录了第二次世界大战以来世界各国研制的两百余种经典军用飞机，包括战斗机、攻击机、战斗轰炸机、轰炸机、运输机、侦察机、空中加油机、直升机、无人机等，每种飞机都有详细的性能介绍，并有准确的参数表格。

本书不仅是广大青少年朋友学习军事知识的不二选择，也是军事爱好者收藏的绝佳对象。

图书在版编目(CIP)数据

经典军用飞机鉴赏指南：金装典藏版／军情视点编.
北京：化学工业出版社，2017.1（2025.4重印）
ISBN 978-7-122-28683-3

Ⅰ.①经… Ⅱ.①军… Ⅲ.①军用飞机-鉴赏-世界-指南
Ⅳ.①E926.3-62

中国版本图书馆CIP数据核字(2016)第304916号

责任编辑：徐　娟　　　　　　　　　　　　装帧设计：中海盛嘉
责任校对：边　涛　　　　　　　　　　　　封面设计：刘丽华

出版发行：化学工业出版社(北京市东城区青年湖南街13号　邮政编码100011)
印　　装：中煤（北京）印务有限公司
710mm×1000mm　1/16　印张18　字数450千字　2025年4月北京第1版第3次印刷

购书咨询：010-64518888　　　　　　　　　售后服务：010-64518899
网　　址：http://www.cip.com.cn
凡购买本书，如有缺损质量问题，本社销售中心负责调换。

定　　价：69.80元　　　　　　　　　　　　　　　　版权所有　违者必究

前 言

1903年12月17日，美国莱特兄弟制作的世界第一架有动力、可操纵、重于空气的载人飞行器试飞成功，标志着人类终于实现了长久以来的飞行梦想。从此，飞机为人类的进步与发展插上了翅膀，将人们的活动范围从陆地、海洋扩展到天空，并对人类社会的各个方面产生了极其巨大的影响，其中最重大的影响莫过于军用飞机对战争形式的改变。

军事对飞行的需求使飞机走过了一个迅速而不间断的发展过程，每一步跨越都应用和体现了当代科学技术的最新成果。第一次世界大战以来，战争实践与军事需求大大加速了飞机及其技术的发展。第一次世界大战开始时，军用飞机还只是勉强可用于空中观察和枪械对射的工具，而到了第二次世界大战时期，军用飞机成为军队的主要装备。时至今日，种类丰富、性能先进的军用飞机已经构成了一个完整的航空部队装备体系。

本书不仅详细介绍了军用飞机的发展历史、未来趋势和一些专业的航空知识，还全面收录了第二次世界大战以来世界各国研制的两百余种经典军用飞机，包括战斗机、攻击机、战斗轰炸机、轰炸机、运输机、侦察机、空中加油机、直升机、无人机等，每种飞机都有详细的性能介绍，并有准确的参数表格。通过阅读本书，读者可对军用飞机有一个全面和系统的认识。

作为传播军事知识的科普读物，最重要的就是内容的准确性。本书的相关数据资料均来源于国外知名军事媒体和军工企业官方网站等权威途径，坚决杜绝抄袭拼凑和粗制滥造。在确保准确性的同时，我们还着力增加趣味性和观赏性，尽量做到将复杂的理论知识用简明的语言加以说明，并添加了大量精美的图片。

参加本书编写的有黄成、丁念阳、黎勇、王安红、邹鲜、李庆、王楷、黄萍、蓝兵、吴璐、阳晓瑜、余凑巧、余快、任梅、樊凡、卢强、席国忠、席学琼、程小凤、许洪斌、刘健、王勇、黎绍美、刘冬梅、彭光华、邓清梅、何大军、蒋敏、雷洪利、李明连、汪顺敏、夏方平等。在编写过程中，国内多位军事专家对全书内容进行了严格的筛选和审校，使本书更具专业性和权威性，在此一并表示感谢。

由于时间仓促，加之军事资料来源的局限性，书中难免存在疏漏之处，敬请广大读者批评指正。

编者

2016年10月

目 录

第1章 军用飞机杂谈　1
军用飞机的历史　2
军用飞机的未来　5
军用飞机专业术语解析　8

第2章 美国军用飞机　10
P-38 "闪电" 战斗机　11
P-51 "野马" 战斗机　12
F4U "海盗" 战斗机　13
F-80 "流星" 战斗机　14
F-82 "双野马" 战斗机　15
F-84 "雷电" 喷气战斗机　16
F-86 "佩刀" 战斗机　17
F-94 "星火" 截击机　18
F-100 "超佩刀" 战斗机　19
F-101 "巫毒" 战斗机　20
F-102 "三角剑" 截击机　21
F-104 "星战" 战斗机　22
F-105 "雷公" 战斗轰炸机　23
F-106 "三角标枪" 截击机　24
F-111 "土豚" 战斗轰炸机　25
F-117 "夜鹰" 攻击机　26
F-4 "鬼怪" Ⅱ 战斗机　27
F-8 "十字军" 战斗机　28
F-10 "空中骑士" 战斗机　29
F-14 "雄猫" 战斗机　30
F-15 "鹰" 战斗机　31
F-15E "攻击鹰" 战斗轰炸机　32
F-16 "战隼" 战斗机　33
F/A-18 "大黄蜂" 战斗/攻击机　34
F-22 "猛禽" 攻击机　36
F-35 "闪电" Ⅱ 攻击机　38
A-3 "空中战士" 攻击机　40
A-4 "天鹰" 攻击机　41
A-6 "入侵者" 攻击机　42
A-7 "海盗" Ⅱ 攻击机　43
A-10 "雷电" Ⅱ 攻击机　44
A-37 "蜻蜓" 攻击机　46
AC-47 "幽灵" 攻击机　47
AC-119 攻击机　48
AC-130 攻击机　49
OV-10 "野马" 侦察攻击机　50
B-17 "空中堡垒" 轰炸机　51
B-24 "解放者" 轰炸机　52
B-25 "米切尔" 轰炸机　53
B-26 "劫掠者" 轰炸机　54
B-29 "超级堡垒" 轰炸机　55
B-36 "和平缔造者" 轰炸机　56
B-47 "同温层喷气" 轰炸机　57
B-50 "超级空中堡垒" 轰炸机　58
B-52 "同温层堡垒" 轰炸机　59
B-57 "堪培拉" 轰炸机　60
B-1 "枪骑兵" 轰炸机　61
B-2 "幽灵" 轰炸机　63
B-21 "突袭者" 轰炸机　64
C-2 "灰狗" 运输机　65
C-5 "银河" 运输机　66
C-17 "环球霸王" Ⅲ 运输机　67
C-130 "大力神" 运输机　68
C-141 "运输星" 运输机　69
E-2 "鹰眼" 预警机　70
E-3 "望楼" 预警机　72

E-4 "守夜者" 空中指挥机	73
E-6 "水星" 通信中继机	74
E-7 "楔尾鹰" 预警管制机	75
E-8 "联合星" 战场监视机	76
EA-6 "徘徊者" 电子战飞机	77
EF-111A "渡鸦" 电子战飞机	78
EA-18G "咆哮者" 电子战飞机	79
RC-135 "铆接" 侦察机	80
U-2 "蛟龙夫人" 侦察机	81
S-3 "维京" 反潜机	82
P-3 "猎户座" 海上巡逻机	83
P-8 "波塞冬" 海上巡逻机	84
KC-97 "同温层货船" 空中加油机	85
KC-135 "同温层油船" 空中加油机	86
KC-10 "延伸者" 空中加油机	87
KC-46 "飞马" 空中加油机	88
AH-1 "眼镜蛇" 武装直升机	89
AH-6 "小鸟" 武装直升机	90
AH-64 "阿帕奇" 武装直升机	91
S-97 "侵袭者" 武装直升机	93
UH-1 "伊洛魁" 通用直升机	94
UH-60 "黑鹰" 通用直升机	95
UH-72 "勒科塔" 通用直升机	96
CH-46 "海骑士" 运输直升机	97
CH-47 "支奴干" 运输直升机	98
CH-53 "海上种马" 运输直升机	99
MH-139 "灰狼" 运输直升机	100
OH-58 "奇欧瓦" 侦察直升机	101
SH-2 "海妖" 舰载直升机	102
SH-3 "海王" 舰载直升机	103
V-22 "鱼鹰" 倾转旋翼机	104
MQ-1 "捕食者" 无人机	106
RQ-4 "全球鹰" 无人机	107
RQ-5 "猎人" 无人机	108
RQ-7 "影子" 无人机	109
RQ-11 "大乌鸦" 无人机	110
RQ-14 "龙眼" 无人机	111
RQ-170 "哨兵" 无人机	112
MQ-8 "火力侦察兵" 无人机	113
MQ-9 "收割者" 无人机	114
MQ-25 "刺鳐" 无人机	115
XQ-58 "女武神" 无人机	116

第3章　苏联/俄罗斯军用飞机117

La-7 战斗机	118
Yak-9 战斗机	119
Yak-38 "铁匠" 战斗机	120
MiG-15 "柴捆" 战斗机	121
MiG-17 "壁画" 战斗机	122
MiG-19 "农夫" 战斗机	123
MiG-21 "鱼窝" 战斗机	124
MiG-23 "鞭挞者" 战斗机	125
MiG-25 "狐蝠" 战斗机	126
MiG-29 "支点" 战斗机	127
MiG-31 "捕狐犬" 战斗机	129
MiG-35 "支点" F战斗机	130
Su-15 "细嘴瓶" 截击机	132
Su-17 "装配匠" 攻击机	133
Su-24 "击剑手" 战斗轰炸机	134
Su-25 "蛙足" 攻击机	135
Su-27 "侧卫" 战斗机	136
Su-30 "侧卫" C战斗机	138

Su-34 "后卫" 战斗轰炸机	140
Su-35 "侧卫" E 战斗机	141
Su-57 战斗机	143
Su-75 "绝杀" 战斗机	145
IL-28 "小猎犬" 轰炸机	146
Tu-22M "逆火" 轰炸机	147
Tu-95 "熊" 轰炸机	148
Tu-160 "海盗旗" 轰炸机	149
A-50 "支柱" 预警机	151
PAK DA 轰炸机	152
IL-78 "大富翁" 空中加油机	153
IL-76 "耿直" 运输机	154
IL-112 运输机	155
An-12 "幼狐" 运输机	156
An-124 "秃鹰" 运输机	157
An-225 "哥萨克" 运输机	158
Mi-24 "雌鹿" 武装直升机	159
Mi-26 "光环" 运输直升机	161
Mi-28 "浩劫" 武装直升机	162
Mi-35 "雌鹿" E 武装直升机	164
Ka-50 "黑鲨" 武装直升机	165
Ka-52 "短吻鳄" 武装直升机	166
Ka-60 "逆戟鲸" 通用直升机	167
S-70 "猎人" B 无人机	168

第4章 英国军用飞机   169

"喷火" 战斗机	170
"海怒" 战斗机	171
"吸血鬼" 战斗机	172
"毒液" 战斗机	173
"海鹰" 战斗机	174
"猎人" 战斗机	175
"标枪" 战斗机	176
"弯刀" 战斗机	177
"海雌狐" 战斗机	178
"蚊蚋" 战斗机	179
"闪电" 战斗机	180
"鹞" 式战斗机	181
"飞龙" 攻击机	182
"掠夺者" 攻击机	183
"美洲豹" 攻击机	185
"海鹞" II 攻击机	186
"蚊" 式轰炸机	188
"兰开斯特" 轰炸机	189
"堪培拉" 轰炸机	190
"勇士" 轰炸机	191
"火神" 轰炸机	192
"胜利者" 轰炸机	193
"塘鹅" 反潜机	195
"山猫" 通用直升机	196
"灰背隼" 通用直升机	198
"野猫" 通用直升机	200
"不死鸟" 无人机	201
"守望者" 无人机	202

第5章 法国军用飞机   203

"神秘" 战斗机	204
"超神秘" 战斗机	205
"幻影" III 战斗机	206
"幻影" V 战斗轰炸机	208
"幻影" F1 战斗机	209
"幻影" 2000 战斗机	210

"阵风"战斗机	212
"军旗"Ⅳ攻击机	214
"超军旗"攻击机	215
"幻影"Ⅳ轰炸机	216
"云雀"Ⅲ通用直升机	217
"超黄蜂"通用直升机	218
"美洲豹"通用直升机	219
"小羚羊"通用直升机	220
"海豚"通用直升机	221
"美洲狮"通用直升机	222
"黑豹"通用直升机	223
"小狐"轻型直升机	225
"雀鹰"无人机	226

第6章 德国军用飞机 227

Bf 109 战斗机	228
Me 262 战斗机	229
He 111 轰炸机	230
"狂风"战斗机	231
"台风"战斗机	233
A310 MRTT 空中加油机	235
A330 MRTT 加油运输机	236
A400M "阿特拉斯"运输机	237
BO 105 通用直升机	238
"虎"式武装直升机	239
NH90 通用直升机	241
"月神"无人机	243
"阿拉丁"无人机	244

第7章 其他国家军用飞机 245

AMX 攻击机	246
MB-339 教练/攻击机	247
"猫鼬"武装直升机	248
AW249 "凤凰"武装直升机	249
"鹰狮"战斗机	250
"雷"式战斗机	252
"幼狮"战斗机	253
"费尔康"预警机	254
"侦察兵"无人机	255
"苍鹭"无人机	256
"巨嘴鸟"教练/攻击机	257
"超级巨嘴鸟"教练/攻击机	258
"猎豹"战斗机	259
"石茶隼"武装直升机	260
"普卡拉"攻击机	261
"彭巴"教练/攻击机	262
"零"式战斗机	263
F-1 战斗机	264
F-2 战斗机	265
P-1 海上巡逻机	267
"忍者"武装侦察直升机	268
KF-21 "猎鹰"战斗机	270
FA-50 攻击机	271
"雄鹰"通用直升机	272
"光辉"战斗机	273
"楼陀罗"武装直升机	274
LCH 武装直升机	275
"信天翁"教练/攻击机	276
L-159 教练/攻击机	277
C-295 运输机	278

参考文献 280

Military
Aircraft 第 1 章

军用飞机杂谈

军用飞机是直接参加战斗、保障战斗行动和军事训练的飞机的总称,是航空兵的主要技术装备。军用飞机大量用于作战,使战争由平面发展到立体空间,对战略战术和军队组成等产生了重大影响。

★★★ 军用飞机的历史

飞机的发明是20世纪最重大的科技成果之一，也催发了新的科技文明。1903年12月17日，美国莱特兄弟制作的世界第一架有动力、可操纵、重于空气的载人飞行器试飞成功，人类飞行的梦想从此变成了现实。然而，这项发明同时也大大改变了现代战争的形态，并催生了空军这一新的军种。

飞机出现之初基本上是一种娱乐的工具，主要用于竞赛和表演。第一次世界大战（以下简称一战）爆发后，尚处于发展稚嫩期的飞机被匆匆推进了战场，战争实践与军事需求大大加速了飞机及其技术的发展。一战初期，军用飞机主要负责侦察、运输、校正火炮等辅助任务。当战争转入阵地战以后，交战双方的侦察机开始频繁活动起来。为了有效地阻止敌方侦察机执行任务，各国开始研制适用于空战的飞机。

世界上公认的第一种战斗机是法国制造的莫拉纳·索尔尼埃L型飞机。它装备了法国飞行员罗朗·加罗斯设计的"偏转片系统"，解决了一直以来机枪子弹被螺旋桨干扰的难题。随后，德国研制出更加先进的"射击同步协调器"并安装在"福克"战机上，成为当时最强大的战斗机。

▼ 现代仿制的"福克"战机

一战开始时，飞机还只是勉强可用于空中观察和枪械对射的工具，而当战争结束时，飞机已经成为能用于空中侦察、临空轰炸和追逐格斗的有效武器系统，飞机的产量也因此急剧增加，并从此诞生了一个新的工业部门——航空工业。

1939年爆发的第二次世界大战（以下简称二战），更充分地展示了飞机的作战能力。由于飞机的战略作用已经在一战中后期被各个国家广泛接受，到二战开始时，军用飞机已经得到了很好的发展，各种不同作战用途的军用飞机也应运而生，如攻击机、截击机、战斗轰炸机、俯冲轰炸机、鱼雷轰炸机等。由于二战期间各种舰船（包括航空母舰）被大范围使用，这也使得各种舰载机在战斗中具有巨大的发挥空间。

美国在二战期间研制的P-51战斗机

二战期间，战争的需求推动各国不断研制新的军用飞机，飞机的性能几乎达到了使用活塞式发动机所能达到的极限。战争末期，德国开始使用Me 262喷气式战斗机。此后，各国开始大力发展喷气式战斗机，活塞式战斗机渐渐退出历史舞台。

保存至今的苏联MiG-25战斗机

20世纪50年代初，首次出现了喷气式战斗机空战的场面。到了60年代初期，战斗机的最大速度已超过两倍音速，机载武器已从机炮、火箭弹发展为空对空导弹。60年代中期，以苏联MiG-25和美国YF-12为代表的战斗机的速度超过了3倍音速。不过，越南战争、印巴战争和中东战争的实践表明，超音速战斗机制空战大多是在中、低空，接近音速的速度进行。空战要求飞机具有良好的机动性，即转弯、加速、减速和爬升性能，装备的武器则是机炮和导弹并重。因此，此后新设计的战斗机不再追求很高的飞行速度和高度，而是着眼于改进飞机的中、低空机动能力，完善机载电子设备、武器和火力控制系统。

20世纪80～90年代电子信息技术的迅猛发展，给军用飞机的发展带来了划时代的变化，不仅飞行速度、高度与航程获得极大提高，而且飞机的机动性、目标特性与信息对抗能力也有了质的跃升。飞机从战争的协同力量变成了战争的主力，甚至成为决定性力量。在20世纪后半叶，喷气式战斗机已经发展了四代，此外还出现了许多先进的攻击机、预警机、轰炸机、军用运输机、教练机、无人侦察机和武装直升机等军用飞行器，构成了一个完整的空军装备体系。

▼ 美国空军现役主力战斗机F-22

★★ 军用飞机的未来

军用飞机是当今世界武器库中的重要装备，同时也关乎一个国家的战略及安全，因此世界各国均把发展各类军用战机作为重点项目。近年来，随着世界形势的变化带来的影响，军用飞机发展快速推进，呈现出五个重要趋势。

第五代战机火热

与前一代战机相比，第五代战机最大的特点就是低可侦测性技术的全面运用，并具备高机动性、先进航空电子系统、高度集成计算机网络，具备优异的战场态势感知能力。世界各国基于国家战略的考虑，竞相加快第五代战机的研制。

目前，全面列装的第五代战机只有美国的F-22战斗机。该机是由洛克希德·马丁公司研制的全球首款第五代战机，单位造价逾1.5亿美元，堪称世界上最昂贵的战斗机之一。除此之外，美国和英国等多个国家还在研制F-35战斗机，主要用于前线支援、目标轰炸、防空截击等多种任务。该机的垂直短距起降机型已于2015年开始少量装备美国海军陆战队，传统跑道起降机型也已在2016年8月开始服役。

俄罗斯第五代战机原型机T-50自2010年1月首飞以来，不断加快研制进度，2013年完成了初步试验，2014年开始国家试验计划，计划于2018年开始服役。此外，伊朗、土耳其、韩国、日本和印度等国也在积极研制第五代战机。

▼ F-35战斗机

第六代战机萌芽

在世界大多数国家尚在研制第五代战机之时，美国已经把目光瞄向了第六代战机。2007年10月，美国空军率先开始对第六代战机具体需求展开研究。随后美国海军也在"下一代空中优势"计划框架下，对海军型第六代战机的能力需求进行了评估。

目前，主要有波音公司和洛克希德·马丁公司两家航空巨头参与第六代战机的方案设计。从两家公司公布的设计概念方案来看，第六代战机不仅继承了第五代战机的优势和特性，而且在创新和性能上又有新的突破，如波音公司F/A-XX概念机的主要特征可概括为：超扁平外形、超声速巡航、超常规机动、超远程打击、超维度物联、超域界控制。

▲ 波音公司F/A-XX概念机

轰炸机再展雄风

冷战结束后，美国调整了全球战略，其中包括终止"下一代轰炸机"计划，转而对B-1、B-2、B-52等现役飞机进行升级改造。但不久美国又启动了较为高级且更为廉价的"远程打击轰炸机"（LRS-B）项目，从而使美国新型战略轰炸机的发展起死回生。2015年10月27日，美国国防部宣布诺斯罗普·格鲁曼公司赢得了LRS-B项目，这种轰炸机将在2025年左右服役。2016年2月，美军下一代战略轰炸机正式命名为B-21。有关军事专家分析，LRS-B很可能集隐身与超音速于一体，这将是史上首次做到这一点的超级轰炸机。

与此同时，俄罗斯也已经开始进行新一代战略轰炸机"未来远程航空兵系统"（PAK DA）的研制工作。据报道，PAK DA轰炸机将具有超强的隐身能力和强大的火力，可以保证俄罗斯空军未来与美国拥有同一个档次的战略轰炸力量。这种轰炸机预计于2023年开始服役，可以完全替代俄罗斯现役的Tu-160、Tu-95MS、Tu-22M3等轰炸机。

▲ B-21战略轰炸机概念图

直升机突破进展

在战略轰炸机重现雄风的同时，军用直升机也由于技术突破，呈现快速发展的势头。特别是由于飞行速度的提高和智能化技术的应用，使军用直升机被各国列为重点发展项目。

从未来军用直升机的发展趋势来看，高速是一个关键性指标。目前直升机的巡航速度一般在200～300千米/小时，很显然难以满足现代战争的需要，因此，世界各国将突破速度限制的新型直升机定义为新一代直升机，巡航速度要达到400～500千米/小时，其机动性、作战能力及运输效率将有非常大的提升，同时续航时间也相应延长2～3倍。除了高速，高度智能化、模块化设计、隐身性能、提高生存能力、无人操作也是未来直升机的重要发展趋势。

无人机加速推进

▼ 美国西科斯基公司正在研制的S-97"入侵者"直升机

近年来，军用无人机进入快速发展阶段。特别是随着无人机大量应用于实战，无人机的优势和地位也逐渐显现出来，因此世界各国都把无人机作为优先发展项目。以美国为例，由于全球战略需求，美军对各类无人机的需求和依赖程度不断增大，尽管近年来美军军费一再压缩和削减，但对于无人机的研制项目不减反增，X-37B、X-51、SR-72、RQ-180等多种机型同步发展。总的来看，大型化、隐身化、智能化和多功能一体化等都是军用无人机未来发展的基本趋势。

▲ 美国RQ-180无人机概念图

★★★ 军用飞机专业术语解析

变后掠翼

变后掠翼是机翼后掠角在飞行中可以改变的机翼。在飞机的设计工作中，有一个不易克服的矛盾：要想提高飞行马赫数，必须选择大后掠角、小展弦比的机翼，以降低飞机的激波阻力，但这类机翼在亚音速状态时升力较小，诱导阻力较大，效率不高。从空气动力学的角度讲，要同时满足飞机对超音速飞行、亚音速巡航和短距起降的要求，最好是让机翼变后掠，用不同的后掠角去适应不同的飞行状态。

弹射座椅

弹射座椅是在飞机遇难时依靠座椅下的动力装置将飞行员弹射出机舱，然后张开降落伞使飞行员安全降落的座椅型救生装置。现代喷气式战斗机已广泛配备弹射座椅，俄罗斯甚至为Ka-52武装直升机配备了弹射座椅。

头盔显示系统

头盔显示系统包括两大类：一类是头盔瞄准具，如MiG-29等战机配备的头盔目标指示系统，能向飞行员提供简单的武器瞄准标记；第二类是头盔显示器，如美军F-16战机配备的联合头盔指示系统，不仅能显示武器瞄准标记，还可以显示主飞行信息及累加合成图像。经过多年发展，头盔显示系统已能满足通信联络、态势感知、武器瞄准等多种作战需求，堪称现代战机的"力量倍增器"。

▲ 美国F-22"猛禽"战斗机配备的"蝎子"头盔显示系统

全金属半硬壳结构

全金属半硬壳结构是指机身设计以金属框架为主，飞机表面的其他部位采用复合材料，两者结合可以使飞机结构坚固而重量又轻。

相控阵雷达

相控阵雷达即相位控制电子扫描阵列雷达,它从根本上解决了传统机械扫描雷达的种种先天问题,在相同的孔径与操作波长下,相控阵雷达的反应速度、目标更新速率、多目标追踪能力、分辨率、多功能性、电子反对抗能力等都远优于传统雷达,相对而言则付出了更加昂贵、技术要求更高、功率消耗与冷却需求更大等代价。相控阵雷达分为"被动无源式"(PESA)与"主动有源式"(AESA),前者的技术门槛较低,而后者性能优异、发展前景好,但技术门槛较高。

层流翼型

翼型是指机翼或尾翼的横剖面形状。层流翼型是一种为使翼表面保持大范围的层流,以减小阻力而设计的翼型。与普通翼型相比,层流翼型的最大厚度位置更靠后缘,前缘半径较小,上表面比较平坦,能使机翼表面尽可能保持层流流动,从而可减少摩擦阻力。

电传操纵系统

电传操纵系统(Fly by wire flight control system)是一种先进的电子飞行控制系统,也译为线传操纵系统。该系统将飞行员的操纵信号,经过变换器变成电信号,通过电缆直接传输到自主式舵机。它去掉了传统的飞机操纵系统中布满飞机内部的从操纵杆到舵机之间的机械传动装置和液压管路。

静稳定性

静稳定性是飞机偏离平衡位置后的最初趋势。如果飞机趋向于返回它先前的位置就称之为静稳定。如果飞机继续偏离就称之为静不稳定。最后,如果飞机趋向于保持在受扰动后的位置就称之为中立稳定。因为飞机稳定性的增加会导致可控性的减小,所以飞机稳定性的上限就是可控性的下限。

爬升率

爬升率又称爬升速度,是各类飞机(尤其是战斗机)的重要性能指标之一。它是指飞机在定常爬升时,在单位时间内增加的高度,其计量单位为米/秒。而飞机在某一高度上,以最大油门状态,按不同爬升角爬升,所能获得的爬升率的最大值称为该高度上的"最大爬升率"。

Military Aircraft 第 2 章

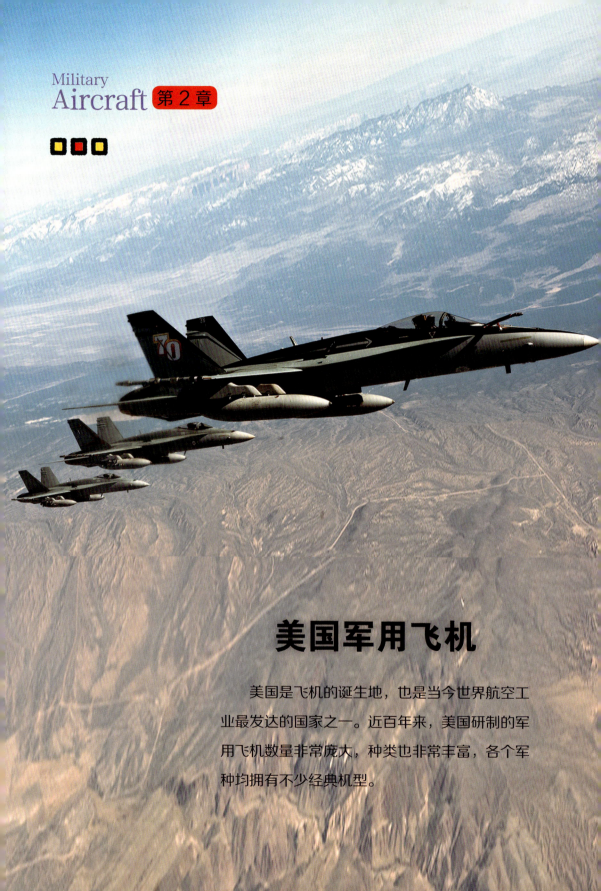

美国军用飞机

美国是飞机的诞生地，也是当今世界航空工业最发达的国家之一。近百年来，美国研制的军用飞机数量非常庞大，种类也非常丰富，各个军种均拥有不少经典机型。

P-38
"闪电"战斗机

英文名称:	P-38 Lightning
研制国家:	美国
制造厂商:	洛克希德公司
重要型号:	P-38E/F/G/H/J/L
生产数量:	10037架
服役时间:	1941~1965年
主要用户:	美国陆军航空队

Military Aircraft ★★☆

基本参数	
机身长度	11.53米
机身高度	3.91米
翼展	15.85米
空重	5800千克
最大速度	667千米/小时
最大航程	2100千米

  P-38"闪电"战斗机是一种双引擎战斗机,由美国著名飞机设计师、洛克希德公司的灵魂人物凯利·约翰逊主持设计。该机装有两台艾利森V-1710发动机,主要武器为1门20毫米机炮(备弹150发)和4挺12.7毫米机枪(各备弹500发),另外还可搭载4具M10型112毫米火箭发射器或10枚127毫米高速空用火箭,也可换成2枚908千克炸弹或4枚227千克炸弹。

  P-38战斗机的速度快、装甲厚、火力强大,太平洋战场上的许多美军王牌飞行员均驾驶过这种战斗机。该机的衍生型号众多,用途十分广泛,可执行远程拦截、制空、护航、侦察、对地攻击、俯冲轰炸、水平轰炸等多种任务。该机被广泛应用于太平洋战场,最著名的战绩就是在布干维尔岛上空击落日本联合舰队司令山本五十六的座机,并使之毙命。

P-51
"野马"战斗机

英文名称：P-51 Mustang	
研制国家：美国	
制造厂商：北美航空公司	
重要型号：P-51A/B/C/D/H/K	
生产数量：15000架	
服役时间：1942～1984年	
主要用户：美国陆军航空队	

基本参数	
机身长度	9.83米
机身高度	4.08米
翼展	11.28米
空重	3465千克
最大速度	703千米/小时
最大航程	2755千米

　　P-51"野马"战斗机是一种单引擎轻型战斗机。机身设计简洁精悍，采用先进的层流翼型，大大降低了气动阻力，并且在尺寸和重量与同类飞机相当的情况下，大幅增加了载油量。在加挂外部油箱的情况下，P-51战斗机的航程超过了2700千米，足以掩护B-17轰炸机进行最远距离的攻击。

　　P-51战斗机被认为是二战综合性能最出色的主力战斗机。早期配备低空性能出色的艾利森V-1710发动机，后期因美国陆军航空队提出的护航需求，换装了梅林V-1650发动机，大大提升了空战性能。P-51战斗机各个型号的机载武器都不相同，如P-51A、P-51B和P-51C装有4挺12.7毫米机枪，P-51D和P-51H则装有6挺12.7毫米机枪。除机枪外，还可搭载火箭弹和炸弹等武器。

F4U
"海盗"战斗机

英文名称：F4U Corsair
研制国家：美国
制造厂商：沃特飞机公司
重要型号：F4U-1、F4U-2、F4U-4、F4U-5
生产数量：12571架
服役时间：1942~1979年
主要用户：美国海军

Military Aircraft ★★☆

基本参数	
机身长度	10.2米
机身高度	4.5米
翼展	12.5米
空重	4174千克
最大速度	717千米/小时
最大航程	1617千米

  F4U"海盗"战斗机是一种单引擎舰载战斗机，其设计在当时独树一帜。机翼采用倒海鸥翼的布局，动力装置为一台普惠R-2800-18W活塞发动机（F4U-4），功率达到1775千瓦，远超同时期的其他军用飞机。F4U战斗机也因此成为美国第一种速度超过640千米/小时（400英里/小时）的战斗机，令美国军方极为满意。

  F4U战斗机加速性能好、爬升迅速、火力强大、坚固耐用，除空战外，也可担当战术轰炸机的角色。太平洋战争中，F4U战斗机是美国海军的主力舰载机，也是日本战斗机的主要对手之一。二战结束后，据美国海军统计，F4U战斗机的击落比率为11:1，即每击落11架敌机才有1架被击落。

F-80
"流星"战斗机

英文名称	F-80 Shooting Star
研制国家	美国
制造厂商	洛克希德公司
重要型号	F-80A/B/C/R
生产数量	1715架
服役时间	1945～1974年
主要用户	美国空军、美国海军

基本参数	
机身长度	10.49米
机身高度	3.43米
翼展	11.81米
空重	3819千克
最大速度	965千米/小时
最大航程	1930千米

F-80"流星"战斗机是美国第一种大量生产与服役的喷气式战斗机，也是美国喷气式战斗机当中第一种有击落敌机纪录的机种。该机使用一台J33-A-5涡喷发动机，最大飞行速度超过900千米/小时，最大爬升率为35米/秒（海平面），实用升限为14000米。

F-80战斗机的机身为全金属半硬壳结构，机翼没有后掠角度。进气口位于机身两侧前方，靠近座舱的位置。机翼与水平安定面的翼端最初都是方形，后来改为圆形。起落架为前三点式，鼻轮向后收起，两侧主轮向内收入机身下方。机鼻两侧各装有3挺12.7毫米机枪，每挺机枪配备200发子弹。此外，还可搭载火箭弹和炸弹等武器。

F-82
"双野马"战斗机

		基本参数	
英文名称：F-82 Twin Mustang		机身长度	12.93米
研制国家：美国		机身高度	4.22米
制造厂商：北美航空公司	Military	翼展	15.62米
重要型号：F-82B/C/D/E/F/G/H	Aircraft	空重	7271千克
生产数量：272架		最大速度	740千米/小时
服役时间：1946～1953年		最大航程	3605千米
主要用户：美国空军			

  F-82"双野马"战斗机是一种双引擎双座战斗机，以P-51战斗机为基础发展而来。F-82战斗机采用双构架布局，以便取得较远的航程与良好的耐久性。该机基本沿用了P-51战斗机的机身，从外形上看就像两架P-51战斗机合并在一片单翼上，但实际上是一个全新的设计。F-82战斗机左右两边都有操控飞机的完整设备，夜间战斗型则只有左侧能驾驶，右侧为雷达操作官。

  F-82战斗机装有6挺12.7毫米固定前射机翼机枪，在翼下挂架上可携带4枚454千克炸弹或4个副油箱。该机的动力装置为两台艾利森V-1710-143/145活塞发动机，单台功率为1029千瓦。F-82战斗机的服役时间较短，最后一架"双野马"于1953年退役，美国空军从此全面进入喷气式战斗机时代。

F-84
"雷电"喷气战斗机

英文名称:	F-84 Thunderjet
研制国家:	美国
制造厂商:	共和飞机公司
重要型号:	F-84B/C/D/E/G
生产数量:	7524架
服役时间:	1947~1971年
主要用户:	美国空军、土耳其空军、意大利空军、法国空军、比利时空军

基本参数	
机身长度	11.6米
机身高度	3.84米
翼展	11.1米
空重	5200千克
最大速度	1000千米/小时
最大航程	1600千米

  F-84"雷电"喷气战斗机是一种单引擎喷气式战斗机，有多种型号，其中F-84F为后掠翼版本，低空性能较为出色。在超音速战斗机服役前，F-84系列战斗机曾广泛装备美国空军及其盟国的空军部队。

  F-84战斗机采用悬臂下单翼，机腹座舱下方装有大型减速板。增压座舱带有泪滴形座舱盖，内设弹射座椅。该机采用美国通用电气公司的艾利森J35轴流式涡喷发动机，油耗比P-80战斗机使用的离心式发动机更低。另外，轴流式发动机的直径较小，允许机身设计更流线，阻力更小。机载武器方面，F-84战斗机装有6挺12.7毫米机枪，机翼下可挂载24枚火箭弹或4枚454千克炸弹。

F-86
"佩刀"战斗机

英文名称:	F-86 Sabre
研制国家:	美国
制造厂商:	北美航空公司
重要型号:	F-86A/B/C/D/E/F/H/K/L
生产数量:	9860架
服役时间:	1949～1994年
主要用户:	美国空军、阿根廷空军、加拿大空军、西班牙空军、韩国空军

基本参数	
机身长度	11.4米
机身高度	4.6米
翼展	11.3米
空重	5046千克
最大速度	1106千米/小时
最大航程	2454千米

　　F-86"佩刀"战斗机是美国早期设计最为成功的喷气式战斗机代表作，不仅型号众多，还衍生出海军型的FJ"怒火"系列舰载机。F-86战斗机是世界上第一种可以携带空对空导弹的战斗机，在俯冲时的速度达到了超音速，成为较早打破这一纪录的战斗机。

　　F-86战斗机的主要武器为6挺12.7毫米勃朗宁M2HB机枪（H型改为4门20毫米机炮），并可携带900千克炸弹或8枚166毫米无导向火箭弹。与苏联第一代喷气式战斗机MiG-15战斗机相比，F-86战斗机最大水平空速较低，最大升限较低，中低空爬升率较低，但其高速状态下的操控性较佳，运动性灵活，也是一个稳定的射击平台，配合雷达瞄准仪，能够在低空有效对抗MiG-15战斗机。

F-94
"星火"截击机

英文名称：F-94 Starfire
研制国家：美国
制造厂商：洛克希德公司
重要型号：F-94A/B/C
生产数量：855架
服役时间：1950～1959年
主要用户：美国空军

Military Aircraft

基本参数	
机身长度	13.6米
机身高度	4.5米
翼展	12.9米
空重	5764千克
最大速度	1030千米/小时
最大航程	1300千米

  F-94"星火"截击机是美国第一种大量生产与服役的喷气式截击机，服役期间主要配属于美国大陆空军司令部和阿拉斯加空军司令部，用于防御从西伯利亚起飞的苏联战略轰炸机。

  F-94截击机采用气泡形座舱罩、收放式起落架、翼尖油箱，发动机进气口位于机身两侧较低处。F-94A和F-94B在机头安装了4挺勃朗宁12.7毫米机枪，并可挂载两枚450千克炸弹用于夜间轰炸。F-94C取消了机枪，在机头安装了火箭发射巢，可携带24枚70毫米火箭弹。部分F-94C还在两侧机翼前缘各增加了一具火箭发射巢，可额外携带24枚70毫米火箭弹。

F-100
"超佩刀"战斗机

英文名称:	F-100 Super Sabre
研制国家:	美国
制造厂商:	北美航空公司
重要型号:	F-100A/B/C/D/F/S
生产数量:	2294架
服役时间:	1954~1979年
主要用户:	美国空军、法国空军、土耳其空军、丹麦空军

基本参数	
机身长度	15.2米
机身高度	4.95米
翼展	11.81米
空重	9500千克
最大速度	1390千米/小时
最大航程	3210千米

F-100"超佩刀"战斗机是一种超音速喷气式战斗机,采用正常式布局,机翼为中等后掠角悬臂式下单翼,低平尾和单垂尾构成倒T形尾翼布局。该机采用了新设计的薄翼型机翼,其相对厚度仅有7%,从而大大减小了高速飞行的阻力。因此,尽管其机翼后掠角只有45度(远小于同时代苏联MiG-19的55度后掠角),但仍然能够实现超音速的设计目标。

F-100战斗机在机身重要结构上广泛采用钛合金,以避免超音速飞行时气动加热导致飞机结构强度降低,但这也导致该机的造价大幅攀升。F-100战斗机最初是作为接替F-86战斗机的高性能超音速战斗机而设计的,服役期间主要作为战斗轰炸机使用。该机装有4门20毫米M39机炮(各备弹200发),还可挂载3190千克炸弹。

F-101
"巫毒"战斗机

英文名称:	F-101 Voodoo
研制国家:	美国
制造厂商:	麦克唐纳公司
重要型号:	F-101A/B/C/F
生产数量:	807架
服役时间:	1957～1984年
主要用户:	美国空军、加拿大空军

基本参数	
机身长度	20.55米
机身高度	5.49米
翼展	12.09米
空重	12925千克
最大速度	1825千米/小时
最大航程	2450千米

　　F-101"巫毒"战斗机是一种双引擎超音速战斗机,虽然设计上是担任B-36轰炸机护航任务的长程战斗机,后因计划生变而改装为担任核子攻击的战斗轰炸机、全天候截击机以及战术侦察机。该机是较早水平飞行速度超过1600千米/小时的量产战斗机,也是速度最快的战术侦察机之一。

　　F-101战斗机采用常规布局,机翼采用后掠40度中单翼,部分后缘前掠增加翼面积。进气口位于机身两侧翼根,使用两具普惠J-57涡喷发动机,发动机喷嘴在机身中后段,尾翼采用高平尾布局,平尾采用全动式设计,机尾两侧设置减速板。该机装有4门20毫米M39机炮,外部挂架可挂载3枚AIM-4E/F空对空导弹和2枚AIR-2A空对空火箭弹。此外,也可挂载副油箱、炸弹或战术核武器。

F-102
"三角剑"截击机

英文名称：F-102 Delta Dagger
研制国家：美国
制造厂商：康维尔公司
重要型号：F-102A/B/C
生产数量：1000架
服役时间：1956～1979年
主要用户：美国空军、土耳其空军

基本参数	
机身长度	20.83米
机身高度	6.45米
翼展	11.61米
空重	8777千克
最大速度	1304千米/小时
最大航程	2715千米

  F-102"三角剑"截击机是一种单座全天候截击机，采用无平尾三角翼布局，悬臂式中单翼，前缘前掠10度，翼尖呈矩形。机翼为全金属结构，每侧有五根锻压的整体大梁。机身为全金属半硬壳式结构，前段包括座舱，中段包括进气道和导弹舱，后段包括一组锻造的铝合金加强框，用以承受机翼升力和弯矩并支持发动机。垂尾呈三角形，前缘后掠52度，垂尾根部有减速伞舱。该机没有平尾，机翼后缘有升降副翼。

  F-102截击机主要用于美国本土的防空作战，其导弹舱内带有1枚AIM-26A和3枚AIM-4C空对空导弹，装在可快速伸出的发射导轨上。导弹舱门上的发射管内还装有24枚69毫米火箭弹。所有武器都由MG-10火控系统控制。

F-104
"星战"战斗机

英文名称	F-104 Starfighter
研制国家	美国
制造厂商	洛克希德公司
重要型号	F-104A/B/C/D/F/G/J/S
生产数量	2578架
服役时间	1958～2004年
主要用户	美国空军、意大利空军、土耳其空军、西班牙空军、加拿大空军

基本参数	
机身长度	16.66米
机身高度	4.09米
翼展	6.36米
空重	6350千克
最大速度	2137千米/小时
最大航程	2623千米

F-104"星战"战斗机是一种超音速轻型战斗机，为了追求高空高速，该机的机身较长，而机翼相对短小，并带有T形尾翼，以便最大限度实现减阻，但却牺牲了飞机的盘旋性能。如果遇到发动机空中熄火或飞机失速等动力故障，其他飞机能滑翔着陆，而F-104战斗机则会立刻自由落体式坠毁。因此，F-104战斗机曾被戏称为"飞行棺材"或"寡妇制造机"。

F-104战斗机通常装有1门20毫米M61机炮，备弹750发。执行截击任务时，携带"麻雀"空对空导弹和"响尾蛇"空对空导弹各2枚。执行对地攻击任务时，携带2枚"小斗犬"空对地导弹，1枚900千克核弹及多枚普通炸弹，最大载弹量1800千克。

F-105
"雷公"战斗轰炸机

英文名称:	F-105 Thunderchief
研制国家:	美国
制造厂商:	共和飞机公司
重要型号:	F-105B/D/F/G
生产数量:	833架
服役时间:	1958~1984年
主要用户:	美国空军

基本参数	
机身长度	19.63米
机身高度	5.99米
翼展	10.65米
空重	12470千克
最大速度	2208千米/小时
最大航程	3550千米

  F-105"雷公"战斗轰炸机是一种超音速战斗轰炸机,也是美国空军有史以来最大的单座单引擎作战飞机,并且因为其特大的内部武器舱和翼根下的独特的前掠发动机进气口而出名。该机采用全金属半硬壳式结构,悬臂式中单翼。全动式平尾的位置较低,用液压操纵。动力装置为一台普惠J75-P-19W涡喷发动机。

  虽然被归类为战斗轰炸机,但是F-105战斗轰炸机主要用于对地攻击,空战性能很差。F-105战斗轰炸机装有1门20毫米六管机炮,备弹1029发。弹舱内可载1枚1000千克或4枚110千克的炸弹或核弹。机翼下有4个挂架,机腹下有1个挂架,可按各种方案携带AGM-12空对地导弹(4枚)、AIM-9空对空导弹(4枚)、核弹或常规炸弹。

F-106
"三角标枪"截击机

英文名称:	F-106 Delta Dart
研制国家:	美国
制造厂商:	康维尔公司
重要型号:	F-106A/B
生产数量:	342架
服役时间:	1959~1998年
主要用户:	美国空军

基本参数	
机身长度	21.55米
机身高度	6.18米
翼展	11.67米
空重	11077千克
最大速度	2455千米/小时
最大航程	4347千米

　　F-106"三角标枪"截击机是一种超音速全天候三角翼截击机,使用了与F-102截击机一样的巨大三角翼无尾布局,两者的机翼区别不大。与F-102截击机纯三角形的垂直尾翼不同,F-106截击机的垂尾为梯形结构,同时前后缘都有后掠角。垂尾上面的减速板改为了左右打开的方式,减速伞改为收藏在垂尾的根部。

　　F-106截击机采用推力更大的普惠J-75-17发动机,战术技术性能较F-102截击机有较大提升。该机是美国最后一种专用截击机,主要目标是各种远程轰炸机,标准武器配置是4枚AIM-4空对空导弹和1枚AIR-2"妖怪"核火箭弹。F-106截击机原本没有机炮,后来加装了1门20毫米M61"火神"机炮。

F-111
"土豚"战斗轰炸机

英文名称：F-111 Aardvark
研制国家：美国
制造厂商：通用动力公司
重要型号：F-111A/B/C/D/E/F/K
生产数量：563架
服役时间：1967~2010年
主要用户：美国空军、澳大利亚空军

基本参数	
机身长度	22.4米
机身高度	5.22米
翼展	19.2米
空重	21400千克
最大速度	2655千米/小时
最大航程	5950千米

　　F-111"土豚"战斗轰炸机是一种双引擎双座超音速战斗轰炸机，拥有诸多当时的创新技术，包含几何可变翼、后燃器、涡轮风扇发动机和低空地形追踪雷达。该机是世界上最早的实用型变后掠翼飞机，主要用于夜间、复杂气象条件下执行遮断和核攻击任务。

　　F-111战斗轰炸机采用上单翼和倒T形尾翼的总体布局，起落架为前三点式，动力装置为两台普惠TF30-P-100加力涡轮风扇发动机。该机成功应用了变后掠翼，其优点是可以改善超音速飞机的起落性能，兼顾高、低速之间的气动要求，扩大飞机的使用范围。F-111战斗轰炸机装有1门20毫米M61A1"火神"机炮，机身弹舱和8个翼下挂架可携带普通炸弹、导弹和核弹，最大载弹量为14300千克。

F-117
"夜鹰"攻击机

英文名称:	F-117 Nighthawk
研制国家:	美国
制造厂商:	洛克希德公司
重要型号:	F-117A
生产数量:	64架
服役时间:	1983～2008年
主要用户:	美国空军

基本参数	
机身长度	20.09米
机身高度	3.78米
翼展	13.2米
空重	13380千克
最大速度	993千米/小时
最大航程	1720千米

F-117"夜鹰"攻击机是一种双引擎单座隐身攻击机,其外形与众不同,整架飞机几乎全由直线构成,连机翼和V形尾翼也都采用了没有曲线的菱形翼型。整个机身干净利索,没有任何明显的突出物,除了机头的4个多功能大气数据探头外,就连天线也设计成可上下伸缩的。为了降低电磁波的发散和雷达截面积,F-117攻击机没有配备雷达。诸如此类的设计大幅提高了隐身性能,但也导致F-117攻击机气动性能不佳、机动能力差、飞行速度慢等。

F-117攻击机可进行空中加油,加油口位于机身背部。该机的两个武器舱拥有2300千克的装载能力,理论上可以携带美国空军军械库内的任何武器,包括B61核弹。少数炸弹因为体积太大,或与F-117攻击机的系统不相容而无法携带。

第 2 章 美国军用飞机

F-4
"鬼怪" II战斗机

英文名称：	F-4 Phantom II
研制国家：	美国
制造厂商：	麦克唐纳公司
重要型号：	F-4A/B/C/D/E/F/G/J/K/N/S
生产数量：	5195架
服役时间：	1960年至今
主要用户：	美国空军、美国海军、英国空军、土耳其空军、希腊空军

基本参数

机身长度	19.2米
机身高度	5米
翼展	11.7米
空重	13757千克
最大速度	2370千米/小时
最大航程	2600千米

  F-4 "鬼怪" II战斗机是一种双引擎重型防空战斗机，采用悬臂下单翼，前缘后掠角45度。悬臂全动式整体平尾，下反角23度，以避开机翼尾流。平尾前缘增加了缝翼。机翼下侧起落架舱后方有一块液压驱动的减速板。该机采用可收放前三点式起落架，前起落架为双轮，没有内胎，向后收入机身。主起落架为单轮，向内收入机翼。

  F-4战斗机各方面的性能都较为出色，不但空战性能优异，对地攻击能力也很强。该机的缺点是大迎角机动性能欠佳，高空和超低空性能略差，起降时对跑道要求较高。F-4战斗机装有1门20毫米M61A1"火神"机炮，9个外挂点的最大载弹量达8480千克，包括普通航空炸弹、集束炸弹、电视和激光制导炸弹、火箭弹。

F-8 "十字军"战斗机

英文名称：F-8 Crusader
研制国家：美国
制造厂商：沃特飞机公司
重要型号：F-8A/B/C/D/E/H/J/K/L/P
生产数量：1219架
服役时间：1957~2000年
主要用户：美国海军、美国海军陆战队、法国海军、菲律宾空军

基本参数	
机身长度	16.53米
机身高度	4.8米
翼展	10.87米
空重	7956千克
最大速度	1975千米/小时
最大航程	2795千米

　　F-8"十字军"战斗机是一种超音速舰载战斗机，其突出特点是采用可变安装角机翼，起飞、着陆期间，飞机上的液压自锁作动筒可将机翼安装角调大7度，这样既增加升力，又使机身基本上与飞行甲板或跑道保持平行，避免因机头抢起而影响飞行员的视界，平飞时，机翼再回到原来的位置。另外，机翼外段可向上折叠，便于舰上停放。

　　F-8战斗机的动力装置为一台普惠J57-P-20涡喷发动机，可接受空中加油，机身左侧的鼓包就是受油装置的整流罩。该机的机载武器为4门20毫米柯尔特Mk 12机炮，4个外挂点最多可挂载2000千克外挂物，包括AIM-9空对空导弹和AGM-12空对地导弹，以及各类常规炸弹和火箭弹等武器。

F-10
"空中骑士"战斗机

英文名称:	F-10 Skyknight
研制国家:	美国
制造厂商:	道格拉斯公司
重要型号:	F-10A/B
生产数量:	265架
服役时间:	1951~1970年
主要用户:	美国海军、美国海军陆战队

基本参数	
机身长度	13.84米
机身高度	4.9米
翼展	15.24米
空重	8237千克
最大速度	909千米/小时
最大航程	2211千米

F-10"空中骑士"战斗机是一种双引擎舰载夜间战斗机,也是世界上最早的喷气式夜间战斗机。该机采用并列双座设计,发动机位于翼下中央部位,起落架为前三点式。动力装置为两台西屋J46-WE-36发动机,固定武器为4门20毫米M2机炮,还可挂载"麻雀"空对空导弹(4枚)、"小提姆"火箭弹(2枚)、900千克炸弹(2枚)等武器。

由于不适应舰载使用,大多数F-10B被转交给美国海军陆战队,配备了雷达并且具有全天候截击能力。20世纪50年代,部分F-10战斗机进行了改装,其中安装了电子侦察和对抗系统的机型被命名为EF-10B,改装为雷达控制员教练机的机型被命名为TF-10B。

F-14 "雄猫"战斗机

英文名称:	F-14 Tomcat
研制国家:	美国
制造厂商:	格鲁曼公司
重要型号:	F-14A/B/D
生产数量:	712架
服役时间:	1974～2006年
主要用户:	美国海军、伊朗空军

基本参数	
机身长度	19.1米
机身高度	4.88米
翼展	19.55米
空重	19838千克
最大速度	2485千米/小时
最大航程	2960千米

F-14"雄猫"战斗机是一种双引擎超音速舰载战斗机，主要用于替换性能逐渐落伍的F-4战斗机。与同时代的战斗机相比，F-14战斗机的综合飞行控制系统、电子反制系统和雷达系统等都非常优秀。

F-14战斗机装备了AN/AWG-9远程火控雷达系统，可在140千米的距离上锁定敌机。该机还装备了当时独有的资料链，可将雷达探测到的资料与其他F-14战斗机分享，其雷达画面能显示其他F-14战斗机探测到的目标。F-14战斗机的固定武器为1门20毫米M61机炮，还可搭载AIM-54"不死鸟"、AIM-7"麻雀"和AIM-9"响尾蛇"等空对空导弹，以及联合直接攻击弹药、Mk 80系列常规炸弹、Mk 20"石眼"集束炸弹、"铺路"系列激光制导炸弹等武器。

F-15
"鹰"战斗机

英文名称：F-15 Eagle
研制国家：美国
制造厂商：麦克唐纳·道格拉斯公司
重要型号：F-15A/B/C/D/J/DJ
生产数量：1198架
服役时间：1976年至今
主要用户：美国空军、以色列空军、沙特阿拉伯空军、日本航空自卫队

基本参数	
机身长度	19.43米
机身高度	5.63米
翼展	13.05米
空重	12700千克
最大速度	2665千米/小时
最大航程	5550千米

  F-15"鹰"战斗机是一种双引擎全天候战斗机，其机身为全金属半硬壳式结构，机身由前、中、后三段组成。前段包括机头雷达罩、座舱和电子设备舱，主要结构材料为铝合金。中段与机翼相连，部分采用钛合金件承受大载荷。后段为钛合金结构发动机舱。

  F-15战斗机使用的多功能脉冲多普勒雷达具备较好的下视搜索能力，利用多普勒效应可避免目标的信号被地面噪声所掩盖，能追踪树梢高度的小型高速目标。F-15战斗机装有1门20毫米M61A1机炮，另有11个武器挂架（机翼6个，机身5个），总挂载量达7300千克，可使用AIM-7、AIM-9和AIM-120等空对空导弹，以及包括Mk 80系列无导引炸弹在内的多种对地武器。

F-15E
"攻击鹰"战斗轰炸机

英文名称：	F-15E Strike Eagle
研制国家：	美国
制造厂商：	麦克唐纳·道格拉斯公司
重要型号：	F-15E/I/K/S/SA/SG
生产数量：	430架以上
服役时间：	1988年至今
主要用户：	美国空军、沙特阿拉伯空军、新加坡空军、韩国空军、以色列空军

基本参数	
机身长度	19.43米
机身高度	5.63米
翼展	13.05米
空重	14515千克
最大速度	3060千米/小时
最大航程	4445千米

　　F-15E"攻击鹰"战斗轰炸机是在F-15战斗机的基础上改进而来的双座超音速战斗轰炸机，外形与F-15D基本相同，重新设计了发动机舱以及部分结构，武器挂架增加了一倍。除原挂架外，在每个保形油箱边还有6个挂架。F-15E战斗轰炸机采用了具有自动地形跟踪能力的数字式电传操纵系统和先进的电子座舱显示系统，其战术电子战系统整合了许多反制手段，以获得全面的反搜索与反追踪能力。

　　F-15E战斗轰炸机配备了红外线夜间低空导航及瞄准系统，使它能够在夜间及任何恶劣天气条件下进行低空飞行，并且使用精确制导或无制导武器打击地面目标。该机的固定武器为1门20毫米M61A1机炮，并可使用美国空军大多数的武器，包括AIM-7"麻雀"导弹、AIM-9"响尾蛇"导弹、AIM-120先进中程空对空导弹等。

F-16
"战隼"战斗机

英文名称:	F-16 Fighting Falcon
研制国家:	美国
制造厂商:	通用动力公司
重要型号:	F-16A/B/C/D/E/F/N/V
生产数量:	4600架以上
服役时间:	1978年至今
主要用户:	美国空军、以色列空军、土耳其空军、韩国空军、希腊空军

基本参数	
机身长度	15.06米
机身高度	4.88米
翼展	9.96米
空重	8570千克
最大速度	2120千米/小时
最大航程	4220千米

　　F-16"战隼"战斗机是一种单引擎喷气式战斗机,其机身采用半硬壳式结构,外形短粗,采用翼身融合体形式与机翼连接,使机身与机翼圆滑地接合在一起。尾部有全动式平尾,平面形状与机翼相似,翼根整流罩后部是开裂式减速板。垂尾较高,安定面大,后缘是全翼展的方向舵。腹部有两块面积较大的安定翼面。起落架为前三点式,可收放在机身内部。座舱盖为气泡形,飞行员视野很好,内装弹射座椅。

　　F-16战斗机装有1门20毫米M61"火神"机炮,备弹511发。该机可以携带的导弹包括AIM-7、AIM-9、AIM-120、AGM-65、AGM-88、AGM-84、AGM-119等,另外还可挂载AGM-154联合防区外武器、CBU-87/89/97集束炸弹、GBU-39小直径炸弹、Mk 80系列无导引炸弹、"铺路"系列制导炸弹、联合直接攻击炸弹、B61核弹等。

F/A-18
"大黄蜂"战斗/攻击机

英文名称:	F/A-18 Hornet
研制国家:	美国
制造厂商:	麦道、诺斯洛普、波音
重要型号:	F/A-18A/B/C/D/E/F
生产数量:	2100架以上
服役时间:	1983年至今
主要用户:	美国海军、美国海军陆战队、澳大利亚空军、加拿大空军

基本参数	
机身长度	18.31米
机身高度	4.88米
翼展	13.62米
空重	14552千克
最大速度	1915千米/小时
最大航程	3330千米

　　F/A-18"大黄蜂"战斗/攻击机是一种对空/对地全天候多功能舰载机，其机身采用半硬壳结构，主要采用轻合金，增压座舱采用破损安全结构，后机身下部装着舰用的拦阻钩。尾翼也采用悬臂式结构，平尾和垂尾均有后掠角，平尾低于机翼。起落架为前三点式，前起落架上有供弹射起飞用的牵引杆。座舱采用气密、空调座舱，内装弹射座椅。

　　F/A-18战斗/攻击机的主要特点是可靠性和维护性好，生存能力强，大仰角飞行性能好以及武器投射精度高。该机的固定武器为1门20毫米M61A1机炮。F/A-18A/B/C/D有9个外挂点，其中翼端2个、翼下4个、机腹3个，外挂载荷最高可达6215千克。F/A-18E/F的外挂点有所增加，不但能携带更多的武器，而且可外挂5个副油箱，并具备空中加油能力。

▲ F/A-18战斗/攻击机左侧视角

▼ F/A-18战斗/攻击机搭载的武器

F-22
"猛禽"攻击机

英文名称：F-22 Raptor
研制国家：美国
制造厂商：洛克希德·马丁公司
重要型号：F-22A
生产数量：195架
服役时间：2005年至今
主要用户：美国空军

基本参数	
机身长度	18.92米
机身高度	5.08米
翼展	13.56米
空重	19700千克
最大速度	2410千米/小时
最大航程	3220千米

  F-22"猛禽"战斗机在设计上具备超音速巡航（不需使用加力燃烧室）、超视距作战、高机动性、对雷达与红外线隐形等特性。该机采用双垂尾双发单座布局，垂尾向外倾斜27度。两侧进气口装在边条翼下方，与喷嘴一样，都做了抑制红外辐射的隐形设计。主翼和水平安定面采用相同的后掠角和后缘前掠角，水泡形座舱盖凸出于前机身上部，全部武器都隐蔽地挂在4个内部弹舱之中。

  F-22战斗机装有1门20毫米M61"火神"机炮，备弹480发。在空对空构型时，通常携带6枚AIM-120先进中程空对空导弹和2枚AIM-9"响尾蛇"空对空导弹。在空对地构型时，则携带2枚联合直接攻击弹药（或8枚GBU-39小直径炸弹）、2枚AIM-120先进中程空对空导弹和2枚AIM-9"响尾蛇"空对空导弹。

▲ F-22战斗机准备起飞

▼ F-22战斗机在高空高速飞行

经典军用飞机鉴赏指南

F-35
"闪电"Ⅱ攻击机

英文名称:	F-35 Lightning Ⅱ
研制国家:	美国
制造厂商:	洛克希德·马丁公司
重要型号:	F-35A/B/C
生产数量:	1110架（截至2025年1月）
服役时间:	2015年至今
主要用户:	美国空军、美国海军、美国海军陆战队、英国海军、英国空军

基本参数	
机身长度	15.7米
机身高度	4.33米
翼展	10.7米
空重	13300千克
最大速度	1931千米/小时
最大航程	2220千米

F-35"闪电"Ⅱ战斗机是一种单引擎单座多用途战机，属于具有隐身设计的第五代战斗机，被定位为F-22战斗机的低阶辅助机种。与美国以往的战机相比，F-35战斗机具有廉价耐用的隐身技术、较低的维护成本，并用头盔显示器完全替代了抬头显示器。

F-35战斗机具备有限的超音速巡航能力，其固定武器1门25毫米GAU-12/A"平衡者"机炮，备弹180发。除机炮外，F-35战斗机还可以挂载AIM-9X、AIM-120、AGM-88、AGM-154、AGM-158、海军打击导弹、远程反舰导弹等多种导弹武器，并可使用联合直接攻击炸弹、风修正弹药撒布器、"铺路"系列制导炸弹、GBU-39小直径炸弹、Mk 80系列无导引炸弹、CBU-100集束炸弹、B61核弹等，火力十分强劲。

▲ F-35战斗机准备起飞

▼ F-35战斗机在高空飞行

A-3
"空中战士"攻击机

英文名称:	A-3 Skywarrior
研制国家:	美国
制造厂商:	道格拉斯公司
重要型号:	A-3A/B
生产数量:	282架
服役时间:	1956~1991年
主要用户:	美国海军

基本参数	
机身长度	23.27米
机身高度	6.95米
翼展	22.1米
空重	17876千克
最大速度	982千米/小时
最大航程	3380千米

A-3"空中战士"攻击机是一种舰载重型攻击机,动力装置为两台普惠J57-P-10涡轮喷气发动机。为适应发动机配置方式及长距离飞行的要求,该机使用结构极为坚固的上肩式后掠单翼,巨大的尾翼结构呈十字形配置,水平尾翼略为上反角扬起,垂直尾翼也可向右折叠,以减少在航母机库内的高度限制。起落装置为前三点式单轮伸缩起落架,鼻轮向前收入舱内。左右主轮则向后收入翼下两侧活动舱门内,机尾下方并有尾钩装置。

在"北极星"导弹核潜艇服役前,A-3攻击机一直是美国海军核打击能力的主要力量。虽然以攻击机"A"为编号,但实际上已经具备轰炸机的性能。该机的固定武器为1门20毫米M3L机炮,还可挂载各类常规炸弹或核弹,最大挂载量为5800千克。

A-4
"天鹰"攻击机

英文名称：	A-4 Skyhawk
研制国家：	美国
制造厂商：	道格拉斯公司
重要型号：	A-4A/B/C/D/E/F/G/H/K/N
生产数量：	2960架
服役时间：	1956年至今
主要用户：	美国海军、巴西海军、新加坡空军、阿根廷空军、以色列空军

基本参数	
机身长度	12.22米
机身高度	4.57米
翼展	8.38米
空重	4750千克
最大速度	1083千米/小时
最大航程	3220千米

A-4"天鹰"攻击机是一种单引擎单座舰载攻击机，其设计精巧，造价低廉，载弹量大，维护简单，出勤率高，在几次局部战争中都有上佳的表现。A-4攻击机采用下单翼布局，机翼为三角翼，装有常规倒T形尾翼，平尾可以电动调整安装角。三角翼内部形成一个单体盒状结构，并安装有内部油箱。后机身两侧各安装有一片大型减速板。

A-4攻击机执行攻击任务时，最大作战半径可达530千米。机头左侧带有空中受油设备，在进行空中加油之后，作战半径和航程都有较大提升。A-4攻击机的机翼根部下侧装有2门20毫米Mk 12机炮，每门备弹200发。机身和机翼下共有5个外挂点，可挂载常规炸弹、空对地导弹和空对空导弹，最大载弹量4150千克。

A-6
"入侵者"攻击机

英文名称:	A-6 Intruder
研制国家:	美国
制造厂商:	格鲁曼公司
重要型号:	A-6A/B/C/E
生产数量:	693架
服役时间:	1963~1997年
主要用户:	美国海军、美国海军陆战队

基本参数	
机身长度	16.64米
机身高度	4.75米
翼展	16.15米
空重	12525千克
最大速度	1040千米/小时
最大航程	5222千米

  A-6"入侵者"攻击机是一种双引擎全天候重型舰载攻击机。其机身为普通全金属半硬壳结构,装两台发动机的机身腹部向内凹。后机身两侧有减速板,由于打开时处于发动机喷气流中,减速板由不锈钢制成。机翼为悬臂式全金属中单翼,后掠角为25度,有液压操纵的全翼展前缘襟翼和后缘襟翼。起落架为可收放前三点式,前起落架为双轮式,向后收起,主起落架为单轮式,向前然后向内收入进气道整流罩内,后机身腹部有着陆钩。

  A-6攻击机主要用于低空高速度突防,对敌方纵深目标实施攻击。该机能携带各种大小的弹药。除传统攻击能力外,A-6攻击机在设计上也具有携带并发射核武器的能力。A-6攻击机能够在任何恶劣的天气中以超低空飞行,穿过敌方的搜索雷达网,正确地摧毁敌军阵地、目标。

第 2 章 美国军用飞机

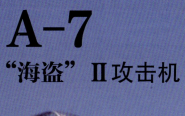

A-7
"海盗" II 攻击机

英文名称:	A-7 Corsair II
研制国家:	美国
制造厂商:	沃特飞机公司
重要型号:	A-7A/B/C/D/E/H/K
生产数量:	1569架
服役时间:	1967~2014年
主要用户:	美国海军、美国空军、希腊空军、葡萄牙空军

基本参数

机身长度	14.06米
机身高度	4.9米
翼展	11.8米
空重	8676千克
最大速度	1111千米/小时
最大航程	1981千米

　　A-7 "海盗" II 攻击机是一种单座战术攻击机,主要用于取代A-4 "天鹰"攻击机。该机的机体设计源自于F-8 "十字军"战斗机,配有现代抬头显示器、惯性导航系统与涡扇发动机。虽然A-7攻击机原本仅针对美国海军航空母舰操作而设计,但因其性能优异,后来也被美国空军及国民警卫队采用。

　　A-7攻击机的固定武器为1门20毫米M61 "火神"机炮,备弹1030发。机身座舱下方两侧各有一个能挂227千克载荷的导弹挂架,一般只能挂空对空导弹或空对地导弹。机翼下共有6个挂架,可以选挂炸弹、核弹、火箭弹或电子干扰舱、机炮舱、副油箱等,靠内侧的挂架可挂1134千克的载荷,外侧的两个挂架均可挂1587千克的载荷。

A-10
"雷电"Ⅱ攻击机

英文名称：	A-10 Thunderbolt Ⅱ
研制国家：	美国
制造厂商：	费尔柴尔德公司
重要型号：	A-10A/C
生产数量：	716架
服役时间：	1977年至今
主要用户：	美国空军

基本参数

机身长度	16.26米
机身高度	4.47米
翼展	17.53米
空重	11321千克
最大速度	706千米/小时
最大航程	4150千米

  A-10"雷电"Ⅱ攻击机是一种单座双引擎攻击机，采用中等厚度大弯度平直下单翼、双垂尾的正常布局，不仅便于安排翼下挂架，而且有利于遮蔽发动机排出的火焰与气流，以抑制红外制导的地对空导弹的攻击。尾吊发动机不仅可以简化设计、减轻结构重量，在起降时还可最大限度避免发动机吸入异物。两个垂直尾翼增加了飞行安定性，作战中即使有一个垂尾遭到破坏，飞机也不会无法操纵。

  A-10攻击机在低空低速时有优异的机动性，可以在相当短的跑道上起飞及降落，其滞空时间相当长，能够长时间盘旋于任务区域附近并在300米以下的低空执行任务。A-10攻击机在前机身内左下侧安装了1门30毫米GAU-8"加特林"机炮，备弹1350发。该机有11个外挂架（每侧机翼下4个，机身下3个），最大载弹量为7260千克。

▲ A-10攻击机搭载的武器

▼ A-10攻击机在高空飞行

A-37
"蜻蜓"攻击机

英文名称：A-37 Dragonfly	
研制国家：美国	
制造厂商：赛斯纳公司	
重要型号：A-37A/B	
生产数量：577架	
服役时间：1968~1992年	
主要用户：美国空军	

基本参数	
机身长度	8.62米
机身高度	2.7米
翼展	10.93米
空重	2817千克
最大速度	816千米/小时
最大航程	1480千米

　　A-37"蜻蜓"攻击机是以T-37"鸣鸟"教练机为基础开发的双引擎攻击机，它保留了T-37教练机的双重操纵系统。在执行前线空中管制类的任务时，第二个座椅可乘坐一名观察员。而在执行近距支援任务时，通常只有一名乘员，以便于搭载更多的武器。为了提高飞机及乘员的生存能力，座舱内装有韦伯公司的弹射座椅，并加装了防护装甲。此外，还安装了自封闭油箱和座舱尼龙防护帘。

　　A-37攻击机的低空机动性较好，其动力装置为两台J85-EG-17A发动机。该机的机载武器为1挺7.62毫米GAC-2B/A六管机枪，射速为3000~6000发/分，备弹1500发。翼下8个挂架可挂载火箭发射装置或各种炸弹，最大载弹量2100千克。

AC-47
"幽灵"攻击机

英文名称:	AC-47 Spooky
研制国家:	美国
制造厂商:	道格拉斯飞机公司
重要型号:	AC-47
生产数量:	53架
服役时间:	1965年至今
主要用户:	美国空军、哥伦比亚空军、萨尔瓦多空军

基本参数

机身长度	19.6米
机身高度	5.2米
翼展	28.9米
空重	8200千克
最大速度	375千米/小时
最大航程	3500千米

AC-47"幽灵"攻击机是以C-47运输机为基础改进而来的中型攻击机,也是美军最早的"空中炮艇",通常被用作密接空中支援用途。作为一种在特定历史时期为特定战场定制的专用武器,AC-47攻击机没有运用任何尖端科技,无论是平台还是武器都来自陈旧但却十分成熟的技术,利用全新的概念将其整合起来,使它在战场备受欢迎。

AC-47攻击机的机身较为短粗,呈流线形,后机身左侧有一个大舱门。机翼为悬臂式下单翼,尾翼由悬臂式的中平尾和单垂尾组成,采用可收放后三点式起落架。该机通常装有3挺7.62毫米M134机枪,或者10挺7.62毫米M1919机枪。AC-47攻击机的弱点在于容易受到攻击,在1965年12月到1969年9月的作战行动中,美国空军的损失达15架。

AC-119 攻击机

英文名称：AC-119		基本参数	
研制国家：美国		机身长度	26.36米
制造厂商：费尔柴尔德公司		机身高度	8.12米
重要型号：AC-119G/K		翼展	33.31米
生产数量：52架		空重	18200千克
服役时间：1968~1975年		最大速度	335千米/小时
主要用户：美国空军		最大航程	3100千米

　　AC-119攻击机是美国空军在C-119运输机基础上改装的攻击机，由于C-119运输机采用上单翼结构，所以有利于在机身侧面布置武器。作为AC-47"幽灵"攻击机的继任者，AC-119攻击机拥有更强大的对地攻击火力。

　　AC-119攻击机在C-119运输机基础上安装了2门20毫米M61A1六管机炮和4挺7.62毫米SUU-11/A机枪（后期型号用MXU-470六管速射炮替换了SUU-11/A机枪）。此外，AC-119攻击机在机身左侧安装了一部AVQ-8氙探照灯，机身右侧安装了LAU-74A照明弹发射器。经过实战检验后，飞行员对AC-119攻击机的7.62毫米机枪更为青睐，因为与20毫米机炮相比，飞机可以携带更多的小口径机枪弹药。

AC-130 攻击机

英文名称:	AC-130
研制国家:	美国
制造厂商:	洛克希德公司、波音公司
重要型号:	AC-130A/E/H/U/J/W
生产数量:	47架
服役时间:	1968年至今
主要用户:	美国空军

基本参数

机身长度	29.8米
机身高度	11.7米
翼展	40.4米
空重	69750千克
最大速度	480千米/小时
最大航程	4070千米

AC-130攻击机是美国空军有史以来最成功的"空中炮艇",它以C-130运输机为基础改进而来,在机门、机舱侧面等处加装了搜索瞄准装置和机炮,增加了武器挂架。AC-130攻击机采用上单翼、四发动机、尾部大型货舱门的机身布局,主起落架舱的设计很巧妙,起落架收起时处在机身左右两侧旁突起的流线形舱室内。

AC-130攻击机装有各种不同口径的机炮,后期机种甚至搭载了博福斯炮或榴弹炮等重型火炮。以现役的AC-130J为例,其主要武器为1门105毫米M102榴弹炮和1门30毫米GAU-23/A"大毒蛇"机炮。此外,AC-130J还能通过其CLT武器系统以及机翼下的外挂点携带多种精确制导武器,包括GBU-39小直径炸弹和AGM-176"格里芬"空对地导弹。这些武器配置使得AC-130J在执行空中支援和打击任务时表现出色。

OV-10
"野马"侦察攻击机

英文名称:	OV-10 Bronco
研制国家:	美国
制造厂商:	北美罗克韦尔公司
重要型号:	OV-10A/B/C/D/E/F/G
生产数量:	360架
服役时间:	1969年至今
主要用户:	美国空军、美国海军陆战队、印度尼西亚空军、菲律宾空军

基本参数

机身长度	12.67米
机身高度	4.62米
翼展	12.19米
空重	3127千克
最大速度	452千米/小时
最大航程	927千米

  OV-10"野马"侦察攻击机是一种双引擎双座轻型多用途战术侦察攻击机,采用双尾梁布局,两台艾利森T-76-G420/421发动机装在尾梁的前端,而后端是一体式平尾。主翼中央是主机身,其前部是由大块玻璃组成的纵列双座复式操作座舱,后部是一个多用途货舱。

  OV-10侦察攻击机的座舱玻璃低至腰膝部,视角非常开阔。该机的固定武器为4挺7.62毫米机枪,全机共7个外挂点,主翼下方左右各有1个挂点,机身中央下方有1个挂点,机身下两侧短翼各有2个挂点。这些挂点可根据需要挂载不同装备,包括各种火箭发射巢、炸弹、机枪、机炮吊舱或副油箱。

B-17
"空中堡垒"轰炸机

英文名称：	B-17 Flying Fortress
研制国家：	美国
制造厂商：	波音公司
重要型号：	B-17B/C/D/E/F
生产数量：	12731架
服役时间：	1938～1968年
主要用户：	美国陆军航空队、英国空军、巴西空军、以色列空军、加拿大空军

基本参数	
机身长度	22.66米
机身高度	5.82米
翼展	31.62米
空重	16391千克
最大速度	462千米/小时
最大航程	3219千米

B-17"空中堡垒"轰炸机是一种四引擎重型轰炸机,配备了强有力的R-1820-51发动机,最大功率达895千瓦。该机采用了面积较大的方向舵和副翼,透明的机鼻为耐热有机玻璃和框架构成。机鼻右侧有一个简单的7.62毫米球形万向机枪座,透明机鼻上下方的一块平板玻璃充当投弹瞄准窗口。驾驶舱顶部有气泡观察窗。

B-17轰炸机是世界上最先配备雷达瞄准具、能在高空精确投弹的大型轰炸机,开创了战略轰炸的概念。1940年,B-17轰炸机因白天轰炸柏林而闻名于世。1943～1945年,美国陆军航空队在德国上空进行的规模庞大的白天精密轰炸作战中,B-17轰炸机更是表现优异。实际上,欧洲战场上大部分的轰炸任务都是B-17完成的。

B-24

"解放者"轰炸机

英文名称:	B-24 Liberator
研制国家:	美国
制造厂商:	共和飞机公司
重要型号:	B-24C/D/E/G/H/J/L/M
生产数量:	19256架
服役时间:	1941~1968年
主要用户:	美国陆军航空队、英国空军、澳大利亚空军、加拿大空军

基本参数	
机身长度	20.6米
机身高度	5.5米
翼展	33.5米
空重	16590千克
最大速度	488千米/小时
最大航程	3300千米

  B-24"解放者"轰炸机是四引擎重型轰炸机，也是二战期间最著名的作战飞机之一。该机航程较远，在整个战争期间都可以看到它的身影，它与B-17轰炸机一起成为对德国进行大规模战略轰炸的主力。B-24轰炸机最著名的一次战役是远程空袭普罗耶什蒂油田，对德国的能源供应造成了极大的破坏。

  B-24轰炸机有一个实用性极强的粗壮机身，其上下前后及左右两侧均设有自卫枪械，构成了一个强大的火力网。梯形悬臂上单翼装有4台R1830空冷活塞发动机。机头有一个透明的投弹瞄准舱，其后为多人驾驶舱，而驾驶舱后方是一个容量很大的炸弹舱，轰炸目标较近时最多可挂载3600千克炸弹。

B-25
"米切尔"轰炸机

英文名称:	B-25 Mitchell
研制国家:	美国
制造厂商:	北美航空公司
重要型号:	B-25A/B/C/D/G/H
生产数量:	9816架
服役时间:	1941~1979年
主要用户:	美国陆军航空队、英国空军、澳大利亚空军、巴西空军

基本参数	
机身长度	16.13米
机身高度	4.98米
翼展	20.6米
空重	8855千克
最大速度	438千米/小时
最大航程	2174千米

B-25"米切尔"轰炸机是一种上单翼、双垂尾、双引擎中型轰炸机,综合性能良好,出勤率高而且用途广泛。该机有5名机组成员,包括机长、副驾驶、投弹员兼领航员、通信员兼机枪手、机枪手。B-25轰炸机的动力装置为两台赖特R-2600活塞发动机,单台功率为1267千瓦。

B-25轰炸机在太平洋战争中表现出色,战争中期,B-25轰炸机参与使用了类似鱼雷攻击的"跳跃"投弹技术。飞机在低高度将炸弹投放到水面上,而后炸弹在水面上跳跃着飞向敌舰,这种方式不仅提高了投弹的命中率,还增加了杀伤力,因为炸弹经常在敌舰吃水线下爆炸。B-25轰炸机还执行了"空袭东京"任务,由此声名大噪。

B-26
"劫掠者"轰炸机

英文名称	B-26 Marauder
研制国家	美国
制造厂商	马丁公司
重要型号	B-26A/B/C/E/F/G
生产数量	5288架
服役时间	1941～1958年
主要用户	美国陆军航空队、英国空军、法国空军、南非空军

基本参数	
机身长度	17.8米
机身高度	6.55米
翼展	21.65米
空重	11000千克
最大速度	460千米/小时
最大航程	4590千米

　　B-26"劫掠者"轰炸机是一种双引擎中型轰炸机，其机身为半硬壳铝合金结构，由前、中、后三段组成，其中带有弹舱的机身中段与机翼一起制造。该机装有两台被整流罩严密包裹的普惠R-2800星型发动机，可携带1800千克炸弹。自卫武器方面，B-26轰炸机装有11挺12.7毫米机枪，其中机身两侧固定安装4挺，机头有1挺，背部有2挺，腹部有2挺，尾部炮塔有2挺。

　　与B-25轰炸机相比，B-26轰炸机有更快的速度、更大的载弹量，但生存能力较差，甚至被冠以"寡妇制造者"的绰号。在早期的使用中，B-26轰炸机的坠毁比例较大，好在经过改进后，问题得到较大改善，坠毁率降到了正常水平。

B-29
"超级堡垒"轰炸机

英文名称:	B-29 Super Fortress
研制国家:	美国
制造厂商:	波音公司
重要型号:	B-29
生产数量:	3970架
服役时间:	1944～1960年
主要用户:	美国陆军航空队、英国空军、澳大利亚空军

基本参数

机身长度	30.18米
机身高度	8.45米
翼展	43.06米
空重	33800千克
最大速度	574千米/小时
最大航程	5230千米

B-29"超级堡垒"轰炸机是一种四引擎重型轰炸机,其崭新设计包括加压机舱、中央火控、遥控机枪等。由于使用了加压机舱,B-29轰炸机的飞行员不需要长时间戴上氧气罩,以及忍受严寒。B-29轰炸机最初的设计构想是作为日间高空精确轰炸机,但是实际使用时却大多在夜间出动,在低空进行燃烧轰炸。

B-29轰炸机的机身大多使用铝制蒙皮,而控制翼面是织物蒙皮。早期交付的B-29轰炸机涂上了传统的橄榄绿和灰色涂装,其他批次则未涂装。每个起落架配备双轮,尾部有一个可伸缩的缓冲器,在飞机进行高姿态着陆和起飞时保护尾部。该机的实用升限超过9700米,当时大部分战斗机都很难爬升到这个高度。

B-36
"和平缔造者"轰炸机

英文名称:	B-36 Peacemaker
研制国家:	美国
制造厂商:	康维尔公司
重要型号:	B-36A/B/C/D/F/H/J
生产数量:	384架
服役时间:	1949~1959年
主要用户:	美国空军

基本参数	
机身长度	49.42米
机身高度	14.25米
翼展	70.12米
空重	75530千克
最大速度	672千米/小时
最大航程	16000千米

  B-36"和平缔造者"轰炸机是一种超长程战略轰炸机,采用全金属结构,机身为细长圆柱体,起落架为可收放前三点式,机翼则采用上单翼平直结构,尾翼为悬臂式单平尾,平尾和垂尾前缘都安装有加热防冻设备。机身前部为透明机头罩,炸弹舱在机身中部,将乘员舱分成前后两段,相互之间由机身左侧的内部气密通道连接。该机装有6台普惠R-4360发动机,单台功率高达2835千瓦。

  B-36轰炸机创造了多项纪录,它是历史上投入批量生产的最大型的活塞引擎飞机,并且是翼展最大的军用飞机。该机无需改装就可以挂载当时美国核武库内所有原子弹,最大载弹量可达32700千克,最大航程达16000千米,能够执行洲际轰炸任务。

B-47
"同温层喷气"轰炸机

英文名称:	B-47 Stratojet
研制国家:	美国
制造厂商:	波音公司
重要型号:	B-47A/B/E
生产数量:	2032架
服役时间:	1951~1977年
主要用户:	美国空军

基本参数

机身长度	32.65米
机身高度	8.54米
翼展	35.37米
空重	35867千克
最大速度	977千米/小时
最大航程	7478千米

B-47"同温层喷气"轰炸机是世界上第一种实用的中程喷气式战略轰炸机,从20世纪50年代到60年代初期,B-47轰炸机承担了美国战略空军司令部战略轰炸主力的重任。除战略轰炸任务之外,一些B-47也接受了部分改装以担当其他的飞行任务。

B-47轰炸机采用细长流线形机身,机翼为大后掠角上单翼,翼下吊挂6台涡轮喷气发动机,平尾位置稍高,起落架采用自行车式布置。在内侧发动机短舱装有可收放的翼下辅助起落架。该机的弹舱长7.9米,可搭载1枚4500千克的核弹,也可携带13枚227千克或8枚454千克的常规炸弹。除此之外,B-47轰炸机还安装有2门20毫米机炮,备弹700发。机上还装置两部安装在垂直照相架上的K-38或K-17C照相机,用来检查投弹结果。

B-50

"超级空中堡垒"轰炸机

英文名称:	B-50 Super Fortress
研制国家:	美国
制造厂商:	波音公司
重要型号:	B-50A/B/D
生产数量:	370架
服役时间:	1948~1965年
主要用户:	美国空军

基本参数	
机身长度	30.18米
机身高度	9.96米
翼展	43.05米
空重	38256千克
最大速度	634千米/小时
最大航程	12472千米

　　B-50"超级空中堡垒"轰炸机是以B-29轰炸机为基础改进而来的远程战略轰炸机,全机有75%的部件为重新设计。动力方面改用4台普惠R-4360活塞发动机,提供更强劲的动力。机身及机翼表面利用新型强韧的轻合金制造,垂直尾翼和水平尾翼均使用液压动力操作。各种改进使B-50轰炸机的载弹量和续航力远超B-29轰炸机。

　　与美国此前的轰炸机相比,B-50轰炸机有了相当的进步,加之当时被美国军方寄予厚望的B-36轰炸机因技术问题迟迟不能服役,因此战略轰炸的重任就责无旁贷地落在了B-50轰炸机身上。遗憾的是,尽管当时的螺旋桨飞机已经能够进行洲际飞行,但速度和升限上的劣势仍无法弥补,难以在敌方喷气式战斗机面前生存下来,因此B-50轰炸机在服役期间并没有太多值得称道的战绩。

B-52
"同温层堡垒"轰炸机

英文名称:	B-52 Stratofortress
研制国家:	美国
制造厂商:	波音公司
重要型号:	B-52A/B/C/D/E/F/G/H
生产数量:	744架
服役时间:	1955年至今
主要用户:	美国空军

基本参数	
机身长度	48.5米
机身高度	12.4米
翼展	56.4米
空重	83250千克
最大速度	1047千米/小时
最大航程	16232千米

B-52"同温层堡垒"轰炸机是一种战略轰炸机。其机身为细长的全金属半硬壳式结构,侧面平滑,截面呈圆角矩形。前段为气密乘员舱,中段上部为油箱,下部为炸弹舱,空中加油受油口在前机身顶部。后段逐步变细,尾部是炮塔,其上方是增压的射击员舱。动力装置为8台普惠TF33-P-3/103涡扇发动机,以2台为一组分别吊装于两侧机翼之下。

B-52轰炸机装有1门20毫米M61"火神"机炮,另外还可以携带31500千克各型常规炸弹、导弹或核弹,载弹量非常大。Mk 28核炸弹是B-52轰炸机的主战装备,在弹舱内特制的双层挂架上可以密集携带4枚,分两层各并列放置2枚。为增强突防能力,B-52轰炸机还装备了AGM-28"大猎犬"巡航导弹。

B-57
"堪培拉"轰炸机

英文名称：B-57 Canberra
研制国家：美国
制造厂商：马丁公司
重要型号：B-57B/C/E/G
生产数量：403架
服役时间：1954～1985年
主要用户：美国空军、巴基斯坦空军

基本参数	
机身长度	19.96米
机身高度	4.88米
翼展	19.51米
空重	13600千克
最大速度	960千米/小时
最大航程	4380千米

B-57"堪培拉"轰炸机是一种全天候双座轻型轰炸机，在英国"堪培拉"轰炸机的基础上发展而来，为了满足美国空军要求，结构有所改进。该机采用直翼，两台发动机安装在翼中，拥有战斗机类型的气泡状座舱罩和前三点式起落架。

B-57轰炸机的动力装置为两台J65-W-5涡轮喷气发动机，固定武器为8挺12.7毫米机枪，各备弹300发。另外，也有部分飞机将固定武器改装为4门20毫米机炮。机身中部的弹舱内和翼下挂架，可挂载各种对地攻击武器，总挂载量为3300千克。在20世纪60年代的局部战争中，B-57轰炸机被大量使用。70年代，B-57轰炸机逐渐退役，但是电子作战飞机、气象侦察机和靶机等衍生型仍继续服役到80年代。

B-1
"枪骑兵"轰炸机

英文名称:	B-1 Lancer
研制国家:	美国
制造厂商:	北美航空公司
重要型号:	B-1A/B
生产数量:	104架
服役时间:	1986年至今
主要用户:	美国空军

Military Aircraft

★★★

基本参数	
机身长度	44.5米
机身高度	10.4米
翼展	42米
空重	87100千克
最大速度	1335千米/小时
最大航程	9400千米

　　B-1"枪骑兵"轰炸机是一种超音速可变后掠翼重型远程战略轰炸机，其机身修长，前机身布置四座座舱，尾部安装有巨大的后掠垂尾，垂尾根部的背鳍一直向前延伸至机身中部。全动平尾安装在垂尾下方，位置较高。该机的机身中段向机翼平滑过渡，形成翼身融合，可增加升力减轻阻力。另外，机身的设计还注重降低雷达截面积，以降低被敌防空系统发现的概率。由于采可变后掠翼，B-1轰炸机能从跑道长度较短的民用机场起飞作战。

　　B-1轰炸机有6个外挂点，可携挂27000千克炸弹。此外，还有3个内置弹舱，可携挂34000千克炸弹。得益于由前方监视雷达和自动操纵装置组合而成的地形追踪系统，B-1轰炸机在平坦的地面上可降低到60米的飞行高度。

▲ B-1轰炸机在高空飞行

▼ B-1轰炸机及其挂载的武器

B-2 "幽灵"轰炸机

英文名称: B-2 Spirit
研制国家: 美国
制造厂商: 诺斯罗普·格鲁曼公司
重要型号: B-2A
生产数量: 21架
服役时间: 1997年至今
主要用户: 美国空军

基本参数	
机身长度	21米
机身高度	5.18米
翼展	52.4米
空重	71700千克
最大速度	1010千米/小时
最大航程	11100千米

B-2"幽灵"轰炸机是一种隐身战略轰炸机,由于采用了先进奇特的外形结构,其可探测性极低,能够在较危险的区域飞行,并执行战略轰炸任务。该机航程超过10000千米,而且具备空中加油能力,大大增强了作战半径。美国空军称B-2轰炸机具有"全球到达"和"全球摧毁"的能力,可在接到命令后数小时内由美国本土起飞,攻击全球大部分地区的目标。

B-2轰炸机没有垂尾或方向舵,机翼前缘与机翼后缘和另一侧的翼尖平行。飞机的中间部位隆起,以容纳座舱、弹舱和电子设备。中央机身两侧的隆起是发动机舱,各安装两台无加力涡扇发动机。机身尾部后缘为W形锯齿状,边缘也与两侧机翼前缘平行。由于飞翼的机翼前缘在机身之前,为了使气动中心靠近重心,也需要将机翼后掠。该机没有固定武器,最多可以携带23000千克炸弹。

B-21
"突袭者"轰炸机

英文名称：B-21 Raider	
研制国家：美国	
制造厂商：诺斯洛普·格鲁曼公司	
重要型号：B-21	
生产数量：尚未量产	
服役时间：2027年（计划）	
主要用户：美国空军	

基本参数	
机身长度	16米
翼展	40米
空重	31751千克
最大起飞重量	81647千克
最大速度	1225千米/小时
实用升限	15000米

B-21"突袭者"轰炸机是一种远程战略轰炸机，旨在取代美国空军现役的B-52和B-1B轰炸机。2023年11月，B-21轰炸机成功完成首飞。美国计划于21世纪20年代中期开始制造约100架B-21轰炸机，并将每架生产成本控制在5.5亿美元（按2010年美元币值计算）。

B-21轰炸机采用了与B-2轰炸机类似的飞翼布局，但外形更为简化。其尺寸和有效载荷也小于B-2，然而在技术水平和装备数量上显著优于后者。此外，B-21轰炸机应用了先进的多功能隐身材料，具备兼容雷达、红外和可见光频段的隐身性能。相关资料显示，B-21轰炸机将配备先进的任务传感器，能够单机或多机协同作战，对战场威胁环境进行全面感知、判断，并实时进行战术规划，从而显著提升其打击能力。

C-2 "灰狗"运输机

英文名称：C-2 Greyhound
研制国家：美国
制造厂商：格鲁曼公司
重要型号：C-2A、C-2A（R）
生产数量：58架
服役时间：1966年至今
主要用户：美国海军

基本参数	
机身长度	17.3米
机身高度	4.85米
翼展	24.6米
空重	15310千克
最大速度	635千米/小时
最大航程	2400千米

  C-2 "灰狗"运输机是一种双引擎舰载运输机。该机由E-2预警机衍生而来，保留了E-2预警机原有的机翼及动力装置（两台艾利森T56发动机），但扩大了机身，并在机尾设有装卸坡道。C-2运输机的机翼可以折叠，并配备了辅助动力系统，可提供自给自足的电力，以便其在偏远地区运作。

  C-2运输机的有效载荷高达4545千克，机舱可以容纳货物、乘客或两者兼载，并配置了能够运载伤者，充任医疗护送任务的设备。C-2运输机能在短短几小时内直接由岸上基地紧急载运需要优先处理的货物（例如战斗机的喷气发动机等）至航空母舰上。此外，机上还配备了运输架及载货笼系统，加上货机大型的机尾坡道、机舱大门和动力绞盘设施，让C-2运输机能在航空母舰上快速装卸物资。

C-5
"银河"运输机

英文名称：	C-5 Galaxy
研制国家：	美国
制造厂商：	洛克希德公司
重要型号：	C-5A/B/C/M
生产数量：	131架
服役时间：	1970年至今
主要用户：	美国空军

基本参数	
机身长度	75.31米
机身高度	19.84米
翼展	67.89米
空重	172370千克
最大速度	932千米/小时
最大航程	4440千米

C-5"银河"运输机是一种四引擎大型战略运输机，采用悬臂式上单翼，机身是由蒙皮、长桁和隔框组成的半硬壳式破损安全结构。货舱为头尾直通式，起落装置拥有28个轮胎，能够降低机身，使货舱的地板与汽车高度相当，以方便装卸车辆。前鼻和后舱门都可以完全打开，以便快速装卸物资。

C-5运输机的载重量可达122吨，货仓容积为：上层货仓30.19米×4.2米×2.29米，下层货仓36.91米×5.79米×4.11米。该机的机翼内有12个内置油箱，能够携带194370升燃油。凭借其强大的运载能力，C-5运输机能够在全球范围内运载超大规格的货物并在相对较短的距离里起飞和降落，也可以随时满载全副武装的战斗部队（包括主战坦克）到达全球的大多数地方，或为战斗中的部队提供野外支援。

C-17
"环球霸王"Ⅲ运输机

英文名称:	C-17 Globemaster Ⅲ
研制国家:	美国
制造厂商:	麦克唐纳·道格拉斯公司
重要型号:	C-17A/B
生产数量:	279架
服役时间:	1995年至今
主要用户:	美国空军、澳大利亚空军、加拿大空军

基本参数	
机身长度	53.04米
机身高度	16.79米
翼展	51.81米
空重	128100千克
最大速度	830千米/小时
最大航程	11600千米

  C-17"环球霸王"Ⅲ运输机是一种大型运输机,其机翼为悬臂式上单翼,前缘后掠角25度。悬臂式T形尾翼。垂直尾翼有个特殊的设计,内部有一隧道式的空间,可让一位维修人员攀爬通过,以进行上方水平尾翼的维修。液压可收放前三点式起落架,可靠重力应急自由放下。C-17运输机对起落环境的要求极低,最窄可在18.3米宽的跑道上起落,能在90米×132米的停机坪上运动。

  C-17运输机的货舱可并列停放3辆吉普车、2辆卡车或1辆M1A2坦克,也可装运3架AH-64武装直升机。在执行空投任务时,可空投近50000千克货物,或102名全副武装的伞兵和一辆M1主战坦克。C-17运输机的货舱门关闭时,舱门上还能承重18150千克,相当于C-130全机的装载量。

C-130
"大力神"运输机

英文名称:	C-130 Hercules
研制国家:	美国
制造厂商:	洛克希德公司
重要型号:	C-130A/B/E/F/G/H/K/T
生产数量:	2500架以上
服役时间:	1956年至今
主要用户:	美国空军、美国海军陆战队、英国空军、加拿大空军

基本参数	
机身长度	29.8米
机身高度	11.6米
翼展	40.4米
空重	34400千克
最大速度	592千米/小时
最大航程	3800千米

  C-130"大力神"运输机是一种四引擎中型运输机,是世界上设计最成功、使用时间最长、服役国家最多的运输机之一。该机的机身粗短,机头为钝锥形前伸,其前端位置较低。机翼为悬臂式上单翼结构,前缘平直,无后掠角。C-130运输机的货舱门采用了上下两片开启的设计,能在空中开闭。该机的动力装置为4台T56-A-15发动机,单台功率3660千瓦。

  C-130运输机的型号众多,以C-130H为例,其载重量可达19870千克。该机起飞仅需1090米的跑道,着陆为518米,可在前线简易机场跑道上起落,向战场运送或空投军事人员和装备,返航时可用于撤退伤员。C-130运输机还有许多衍生型,可执行多种任务,包括电子监视、空中指挥、搜索救援、空中加油、气象探测、海上巡逻及空中预警等。

C-141
"运输星"运输机

英文名称：C-141 Starlifter
研制国家：美国
制造厂商：洛克希德公司
重要型号：C-141A/B/C
生产数量：285架
服役时间：1965~2006年
主要用户：美国空军

基本参数	
机身长度	51.3米
机身高度	12米
翼展	48.8米
空重	65542千克
最大速度	912千米/小时
最大航程	9880千米

C-141"运输星"运输机是世界上第一种完全为货运设计的喷气式飞机，也是第一种使用涡扇发动机的大型运输机。该机在肩部安装后掠翼，翼下吊挂4台涡轮风扇发动机，拥有T形尾翼和可收入整流罩的收放式起落架。C-141运输机的主要机载设备包括无线电罗盘、ARN-21"塔康"导航、ASN-35多普勒雷达、高频和甚高频无线电通信设备等。

C-141运输机装备4台TF33-P-7涡扇发动机，单台推力为9526千克。该机的货舱空间虽然比不上后来出现的C-5运输机和C-17运输机，但也能轻松装载长达31米的大型货物。其货舱也可一次运载208名全副武装的地面部队士兵，或168名携带全套装备的伞兵。此外，该机还可以运送"民兵"战略弹道导弹。

E-2
"鹰眼"预警机

基本参数	
机身长度	17.54米
机身高度	24.56米
翼展	5.58米
空重	18090千克
最大速度	626千米/小时
最大航程	3000千米

英文名称：E-2 Hawkeye
研制国家：美国
制造厂商：格鲁曼公司
重要型号：E-2A/B/C/D/T
生产数量：300架以上
服役时间：1964年至今
主要用户：美国海军、以色列空军、新加坡空军、法国海军、日本航空自卫队

E-2"鹰眼"预警机是一种舰载空中早期预警与航空管制机，同时也被许多国家空军在陆上机场使用。该机是世界上产量最大、使用单位最多的预警机，目前也是美国海军唯一使用的舰载空中预警机。与水面船舰的雷达相较，E-2预警机不受地形与地平线造成的搜索范围限制，而居高临下的搜索方式也更具优势。

E-2预警机的背部有一个圆盘状雷达天线罩，这是大多数预警机的主要特征。由于该机是为美国海军研制，所以机翼设计为可折叠，以方便在航空母舰上使用。该机采用的是悬臂式梯形上单翼结构，机翼前缘有充气防冰装置，为了方便维护发动机和飞机操纵系统，内侧机翼前缘还可以打开。E-2预警机的动力装置为两台T56-A-427发动机，单台功率高达3803千瓦。

▲ 仰视E-2预警机

▼ E-2预警机在海平面飞行

E-3
"望楼"预警机

英文名称:	E-3 Sentry
研制国家:	美国
制造厂商:	波音公司
重要型号:	E-3A/B/C/D/F/G
生产数量:	68架
服役时间:	1977年至今
主要用户:	美国空军、英国空军、法国空军、沙特阿拉伯空军

基本参数

机身长度	46.61米
机身高度	12.6米
翼展	44.42米
空重	73480千克
最大速度	855千米/小时
最大航程	7400千米

E-3"望楼"预警机是根据美军"空中警戒和控制系统"计划研制的全天候远程空中预警和控制机,具有下视能力及在各种地形上空监视有人驾驶飞机和无人驾驶飞机的能力。该机搭载的AN/APY-1水平旋转雷达可以监控地面到同温层之间的空间。

E-3预警机直接使用波音707民航客机的机身,加装了旋转雷达模组及陆空加油模组。旋转雷达的直径为9.1米,中央厚度为1.8米,用两根长4.2米的支撑架撑在机体上方。E-3预警机所用的雷达可在400千米半径以上的范围内侦测低空飞行目标(以雷达地平线为准),可在650千米半径范围内侦测中到高空(同样以雷达地平线为准)的空中载具,雷达模组中的副监督雷达子系统可以进一步对目标进行辨认(识别敌我),并消去地面物体造成的杂乱信号。

E-4
"守夜者"空中指挥机

英文名称	E-4 Nightwatch
研制国家	美国
制造厂商	波音公司
重要型号	E-4A/B
生产数量	4架
服役时间	1974年至今
主要用户	美国空军

基本参数

机身长度	70.5米
机身高度	19.3米
翼展	59.7米
空重	190000千克
最大速度	969千米/小时
最大航程	11000千米

E-4"守业者"空中指挥机属于美国国家军事指挥中心的后备指挥设施，当美国本土受到核攻击或大规模常规空袭时，最高领导层可在飞机上保持与本国战略核力量之间的联系和指挥功能。该机的机体和内部设施都进行过加固处理，有效提高了核战争环境下的生存力。

E-4空中指挥机由波音747-200客机改装而成，在不进行空中加油时可持续飞行12小时，有空中加油时最大续航时间可达72小时。其机载电子设备中有13套对外通信设备及其所用的46组天线，其中超低频通信天线可用绞盘收放，长8千米，能与在水下的潜艇通信。此外，该机还有超高频卫星数据链、搜索雷达、"塔康"系统、甚高频无线电导航、双重无线电罗盘等设备，不仅可与分布在各地的政府组织和军队部门联系，也能接入民用电话与无线电通信网。

E-6
"水星"通信中继机

英文名称：E-6 Mercury
研制国家：美国
制造厂商：波音公司
重要型号：E-6A
生产数量：16架
服役时间：1989年至今
主要用户：美国海军

基本参数	
机身长度	45.8米
机身高度	12.9米
翼展	45.2米
空重	78378千克
最大速度	970千米/小时
最大航程	12144千米

　　E-6"水星"通信中继机是根据美国海军要求研制的通信中继机，可在战争情况下确保国家指挥当局有效地与弹道导弹核潜艇、攻击型核潜艇通信联络。该机的机体有75%与E-3预警机相同，主要区别是去掉了旋转雷达天线罩，在翼尖装有电子对抗吊舱。

　　E-6通信中继机的机舱分3个区，其中翼前区包括4人机组驾驶舱、食品储存间、厨房、就餐间、洗手间，以及有8个折叠床的休息间，以便搭乘轮班乘员。该机的超低频天线长达7925米，可以自由收放，在通信时，飞机绕小圆圈轨道飞行，天线近似垂直下垂，能保证潜艇在水下用拖曳式天线接收。

E-7
"楔尾鹰"预警管制机

英文名称:	E-7 Wedgetail
研制国家:	美国
制造厂商:	波音公司
重要型号:	E-7A
生产数量:	约50架(计划)
服役时间:	2012年至今
主要用户:	美国空军、澳大利亚空军、英国空军等

基本参数

机身长度	33.6米
机身高度	12.5米
翼展	35.8米
空重	46606千克
巡航速度	853千米/小时
最大航程	6500千米

E-7"楔尾鹰"预警管制机是波音公司以波音737-700客机和波音BBJ1公务机为基础所开发的双发预警管制机,又称波音737预警管制机。

E-7预警管制机搭载了由诺斯洛普·格鲁曼公司研发的多功能电子扫描阵列(MESA)雷达。与之前的空中预警机使用的圆盘状雷达不同,E-7预警管制机的MESA雷达采用长条状设计,安装在机背上,尺寸为长10.8米、高3.4米,这种设计有效降低了空气阻力。MESA雷达使用L波段微波束,能够360度全方位扫描,具备同时追踪大量海面和空中目标的能力,侦测半径超过400千米。此外,机上的通信系统能够与战区内的所有友军单位保持通信,协调战机、舰艇或地面单位进行协同作战。

E-8
"联合星"战场监视机

英文名称:	E-8 Joint STARS
研制国家:	美国
制造厂商:	诺斯罗普·格鲁曼公司
重要型号:	E-8A/C
生产数量:	17架
服役时间:	1991年至今
主要用户:	美国空军

基本参数	
机身长度	46.61米
机身高度	12.95米
翼展	44.42米
空重	77564千克
最大速度	722千米/小时
最大航程	9小时

　　E-8"联合星"战场监视机是一种先进的远距空地监视飞机,其名称Joint STARS(Joint Surveillance Target Attack Radar System)意为"联合监视目标攻击雷达系统"。虽然E-8战场监视机也像E-3预警机一样装有高性能雷达及其他先进设备,但该机所监控的对象并不是空中目标,而主要用于对付地面目标。E-8战场监视机可在任何气象条件下对地面目标进行定位、探测与跟踪,其纵深距离可达到250千米左右。

　　E-8战场监视机主要由载机、机载设备和地面站系统组成。载机是波音707客机,机载设备主要有雷达设备、天线、高速处理器以及各种相关软件等。地面站系统为移动式,是一个可进行多种信息处理的中心。E-8战场监视机有4名机组成员,一般还搭载15~25名任务专家。

EA-6
"徘徊者"电子战飞机

英文名称:	EA-6 Prowler
研制国家:	美国
制造厂商:	诺斯罗普·格鲁曼公司
重要型号:	EA-6A/B
生产数量:	191架
服役时间:	1971年至今
主要用户:	美国海军、美国海军陆战队

基本参数	
机身长度	17.7米
机身高度	4.9米
翼展	15.9米
空重	15450千克
最大速度	1050千米/小时
最大航程	3861千米

EA-6 "徘徊者" 电子战飞机是一种双引擎舰载电子对抗飞机,早期型EA-6A的机体沿用 A-6 "入侵者"攻击机的基本设计,但在垂直安定面顶部加装了荚舱,用来容纳ALQ-86接收机/侦测系统所使用的30个天线。除了ALQ-86以外,还在两边机翼的挂架上挂载了ALQ-76干扰系统、ALQ-55通信干扰系统、ALQ-41干扰丝散布器、ALQ-31干扰系统、ALQ-51干扰系统和AN/ALQ-99干扰系统等电子作战设备。

改进型EA-6B大幅改进了之前的设计,加长了机身,机组成员由2名增加到4名,其中1名为飞行员,另外3名为电子对抗装备操作员。其垂尾翼尖上有一个较大的天线,里面有灵敏侦察接收机,能够探测远距离的雷达信号。EA-6B还可携带AGM-88 "哈姆" 反辐射导弹,用于攻击敌方地面雷达站。

EF-111A
"渡鸦"电子战飞机

英文名称：EF-111A Raven
研制国家：美国
制造厂商：通用电气、格鲁曼公司
重要型号：EF-111A
生产数量：42架
服役时间：1983～1998年
主要用户：美国空军

基本参数	
机身长度	23.17米
机身高度	6.1米
翼展	19.2米
空重	25072千克
最大速度	2350千米/小时
最大航程	3220千米

EF-111A "渡鸦"电子战飞机是以F-111A "土豚"战斗轰炸机为基础研制的电子战飞机，其机体、发动机与F-111A基本相同，但加强了垂尾，并在垂尾翼尖上装有电子对抗短舱。此外，还修改了武器舱，加装了机身腹下舱。电源系统改用两90千伏安的发电机，空调系统也有所改进。

EF-111A电子战飞机的主要机载设备包括：战术干扰系统、终端威胁警告系统、敌我识别器、攻击雷达、地形跟踪雷达、惯性导航系统、仪表着陆系统、高频通信电台等。该机能执行以下三类任务：远距离干扰，在敌方地面炮火射程以外建立电子屏障，掩护己方的攻击力量；突防护航干扰，伴随攻击机沿航路边干扰敌方防空系统的电子设备；近距支援干扰，在近距离干扰敌方炮瞄雷达与导弹制导雷达，掩护近距支援攻击机。

EA-18G
"咆哮者"电子战飞机

英文名称：	EA-18G Growler
研制国家：	美国
制造厂商：	波音公司
重要型号：	EA-18G
生产数量：	172架
服役时间：	2009年至今
主要用户：	
美国海军、澳大利亚空军	

基本参数	
机身长度	18.31米
机身高度	4.88米
翼展	13.62米
空重	15011千克
最大速度	1900千米/小时
最大航程	2346千米

EA-18G"咆哮者"电子战飞机是在F/A-18F"超级大黄蜂"战斗/攻击机的基础上研发而成的电子战机型。波音公司作为主承包商，诺斯洛普·格鲁曼公司则负责电子战套件的集成。

EA-18G电子战飞机继承了F/A-18F战斗/攻击机的机动性能，能够胜任随队电子支援任务。该机型具备强大的电磁攻击能力，这主要得益于诺斯洛普·格鲁曼公司为其设计的ALQ-218V(2)战术接收机和新型ALQ-99战术电子干扰吊舱，使其能够有效压制敌方地空导弹雷达系统。此外，EA-18G电子战飞机还可挂载多种武器，包括AGM-88"哈姆"反辐射导弹和AIM-120空对空导弹。虽然该机型未配备内置机炮，但其空战能力足以满足自卫和执行护航任务的需求。

RC-135

"铆接"侦察机

英文名称：RC-135 Rivet
研制国家：美国
制造厂商：波音公司
重要型号：RC-135A/B/C/D/E/S/T/U/V
生产数量：32架
服役时间：1965年至今
主要用户：美国空军、英国空军

基本参数	
机身长度	41.53米
机身高度	12.7米
翼展	39.88米
空重	79545千克
最大速度	933千米/小时
最大航程	5550千米

  RC-135"铆接"侦察机是一种四引擎战略侦察机，由波音707客机的机体改装而成。该机身大小与普通的波音707客机相差无几，装有4台普惠TF33-P-9涡扇发动机。该机装有高精度电子光学探测系统和先进的雷达侦察系统，可以搜集对方预警、制导和引导雷达的频率等技术参数，能捕捉敌方飞机、军舰、潜艇、雷达、指挥所及电台发出的电子信号，能在公海上跟踪进入大气层的导弹飞行状态，并推测出弹道导弹的相关数据。

  RC-135侦察机的飞行高度通常在15000米以上，巡航速度为860千米/小时，续航时间超过12小时，由于各种型号的RC-135都装有空中加油装置，因此实际上的飞行时间大大超过12小时，空中滞留时间最长可达20小时。RC-135侦察机在执行侦察任务时的最大优势是可在公共空域进行侦察活动，无须进入敌方领空，或者过于贴近敌方领空活动。

U-2
"蛟龙夫人"侦察机

英文名称:	U-2 Dragon Lady
研制国家:	美国
制造厂商:	洛克希德公司
重要型号:	U-2A/C/D/E/F/G/H/R/S
生产数量:	104架
服役时间:	1957年至今
主要用户:	美国空军

基本参数	
机身长度	19.1米
机身高度	4.8米
翼展	30.9米
空重	6800千克
最大速度	821千米/小时
最大航程	5633千米

　　U-2"蛟龙夫人"侦察机是一种单引擎高空侦察机,采用全金属悬臂中单翼。为了减轻重量,U-2侦察机在制造上采用了很多滑翔机技术,机翼不像传统飞机一样穿过机身以增加强度,机翼内部载有U-2侦察机大部分燃油。机翼和垂直尾翼只以扭力螺栓安装于机身,两边机翼下都装有钛金属制造的滑橇,以便在着陆时保护机翼。

　　U-2侦察机装有8台照相侦察用的全自动照相机,能全天候工作。这些照相机拍照的清晰度很高,即便在18000米的高空,也能清晰地显示地面人员的活动。除了照相机,U-2侦察机还装有实施电子侦察的雷达信号接收机、无线电通信侦收机、辐射源方位测向机和电磁辐射源磁带记录机等设备。

S-3
"维京"反潜机

英文名称：S-3 Viking
研制国家：美国
制造厂商：洛克希德公司
重要型号：S-3A/B
生产数量：188架
服役时间：1974年至今
主要用户：美国海军

基本参数	
机身长度	16.26米
机身高度	6.93米
翼展	20.93米
空重	12057千克
最大速度	828千米/小时
最大航程	6237千米

  S-3"维京"反潜机是一种双引擎喷气式反潜机，其主要任务是对敌方潜艇进行持续的搜索、监视和攻击，对己方重要的海军兵力（如航空母舰、特遣舰队）进行反潜保护，改装后可作为加油机、反潜指挥控制机和电子战飞机。

  S-3反潜机采用全金属半硬壳式破损安全结构，分隔式武器舱带有蚌壳式舱门。机身有两条平行的纵梁，自前起落架接头处一直延伸到着陆拦阻钩处，弹射起飞和拦阻着舰时通过这两条纵梁将载荷均匀分布到机身上。机身腹部的发射管用来发射60个声呐标。飞行中可伸出的磁异探测杆装在尾部。该机的动力装置为耗油量较低的通用动力TF34-GE-24涡扇发动机，方便长时间在海上搜索潜艇。武器舱和翼下挂架可挂载常规炸弹、深水炸弹、空投水雷、鱼雷及火箭巢等武器。

P-3
"猎户座"海上巡逻机

英文名称：P-3 Orion
研制国家：美国
制造厂商：洛克希德公司
重要型号：P-3A/B/C
生产数量：757架
服役时间：1962年至今
主要用户：美国海军、澳大利亚空军、巴西空军、韩国海军、日本海上自卫队

基本参数	
机身长度	35.6米
机身高度	11.8米
翼展	30.4米
空重	35000千克
最大速度	750千米/小时
最大航程	8944千米

　　P-3"猎户座"海上巡逻机是一种四引擎涡轮螺旋桨多用途海上巡逻机，采用悬臂式下单翼，传统铝合金结构机身，增压机舱。该机装有4台艾利森T56-A-14涡桨发动机，单台功率为3661千瓦。该机在执行许多任务时经常会将一个发动机熄火，通常是一号发动机（即左外发动机），以节省燃料延长滞空时间，若是飞机重量、天气和余油许可的话还会将两个外发动机都熄火。

　　P-3海上巡逻机的机腹下有一个武器舱，机翼下有10个挂架，可以携带鱼雷、深水炸弹、沉底水雷、火箭发射巢、反舰导弹、空对空导弹等武器，还可以携带各种声呐浮标、水上浮标和照明弹等。该机的机载电子设备功能强大，有AN/APS-115机载搜索雷达、AN/APN-227远程导航系统、AQS磁异探测器、ALQ-64电子对抗设备等。

P-8
"波塞冬"海上巡逻机

英文名称:	P-8 Poseidon
研制国家:	美国
制造厂商:	波音公司
重要型号:	P-8A/I
生产数量:	180架以上
服役时间:	2013年至今
主要用户:	美国海军、澳大利亚空军、印度海军、英国空军

基本参数	
机身长度	39.47米
机身高度	12.83米
翼展	37.94米
空重	62730千克
最大速度	907千米/小时
最大航程	8300千米

  P-8"波塞冬"海上巡逻机是一种多用途海上巡逻机，其设计源于波音737客机。该机的主要用途为海上巡逻、侦察和反潜作战，旨在取代服役多年的P-3海上巡逻机。P-8海上巡逻机具有飞行性能优越，续航力强等优点，动力装置为两台CFM56-7B涡扇发动机，全机有5个内置弹仓和6个外挂点。

  P-8海上巡逻机装有雷神公司专门研发的AN/APY-10雷达，针对不同的任务及目标，具备六种工作模式：彩色气象模式，侦测气象信息以躲避暴风区；合成孔径雷达模式，专门负责静止目标、地面区域、海岸线、海面环境的实时显像；反合成孔径雷达模式，专门负责在远距离对海面或地面目标进行辨认及实时显像；导航模式，对海岸线、海洋及地面进行地形绘图；潜望镜搜索模式，用于在不良海况情况下搜索短暂露出海面的小型目标；区域搜索模式，用于搜索及追踪远距离的海面目标。

KC-97
"同温层货船"空中加油机

英文名称：	KC-97 Stratofreighter
研制国家：	美国
制造厂商：	波音公司
重要型号：	KC-97A/E/F/G/H/L
生产数量：	811架
服役时间：	1951～1978年
主要用户：	美国空军、西班牙空军、以色列国防军

基本参数	
机身长度	35.89米
机身高度	11.68米
翼展	43.05米
空重	37410千克
最大速度	643千米/小时
最大航程	3700千米

　　KC-97"同温层货船"空中加油机是C-97"同温层货船"运输机的加油机版，后者是以B-29"超级堡垒"轰炸机为基础改进而来。KC-97空中加油机安装了硬式加油管，多数由4台活塞式发动机驱动，巡航速度偏低。后期型号加装2台通用电气J47-GE-23涡喷发动机，巡航速度有所提高。

　　KC-97空中加油机能够携带24040千克燃油，可有效为两架B-47轰炸机加油。而B-52轰炸机的需求量更大，航油的消耗率更高，这就意味着一架B-52轰炸机需要更多的KC-97空中加油机来支援。由于KC-97空中加油机是活塞发动机，B-52轰炸机为涡轮发动机，前者的飞行速度和高度都要落后于后者。在加油时，B-52轰炸机不得不先降低到KC-97空中加油机的飞行高度，加油完成后再爬升到正常的巡航高度，这意味着更多的燃油消耗。

KC-135
"同温层油船"空中加油机

英文名称:	KC-135 Stratotanker
研制国家:	美国
制造厂商:	波音公司
重要型号:	KC-135A/B/D/E/Q/R/T
生产数量:	803架
服役时间:	1957年至今
主要用户:	美国空军、土耳其空军、新加坡空军、法国空军、智利空军

基本参数	
机身长度	41.53米
机身高度	12.7米
翼展	39.88米
空重	90700千克
最大速度	933千米/小时
最大航程	17766千米

KC-135"同温层油船"空中加油机是在C-135军用运输机基础上改进而来的大型空中加油机,也是美国空军第一种喷气式加油机。该机具备同时为多架飞机加油的能力,其伸缩套管式加油方式的输油率也很高。2002年,美国空军启动了KC-135"灵巧加油机"计划,改进后的KC-135的性能更强,可使用不同的数据链在战区内进行通信联系,以提高战区加油效率。

KC-135空中加油机的主翼后掠角为35度,翼下装有4台J57-P-59W涡喷发动机。该机的机体可分为上、下两个部分,上部分通常作为货舱使用,下半部分则是燃油舱。机身后面部分是加油作业区,可装载90吨燃油。

KC-10
"延伸者"空中加油机

英文名称:	KC-10 Extender
研制国家:	美国
制造厂商:	麦克唐纳·道格拉斯公司
重要型号:	KC-10A、KDC-10
生产数量:	62架
服役时间:	1981年至今
主要用户:	美国空军、新西兰空军

基本参数	
机身长度	55.35米
机身高度	17.7米
翼展	50.41米
空重	109328千克
最大速度	996千米/小时
最大航程	18507千米

KC-10"延伸者"空中加油机是在DC-10客机基础上发展而来的三引擎空中加油机,两者有88%的设备通用。与DC-10客机不同,KC-10空中加油机配备了军用航空电子设备和卫星通信设备,以及麦克唐纳·道格拉斯公司生产的先进空中加油飞桁、锥套软管加油系统,并增加了一个加油系统操作员和自用的空中加油受油管。

KC-10空中加油机既能为其他飞机加油,又能在空中接受加油。该机的最大载油量达161000千克,接近KC-135空中加油机的两倍。KC-10空中加油机在机舱中所装载的53000千克燃油和主燃油系统中的108000千克燃油是相通的。

KC-46 "飞马"空中加油机

基本参数	
机身长度	50.5米
机身高度	15.9米
翼展	48.1米
空重	82377千克
最大速度	914千米/小时
最大航程	11830千米

英文名称:	KC-46 Pegasus
研制国家:	美国
制造厂商:	波音公司
重要型号:	KC-46A
生产数量:	90架以上
服役时间:	2019年至今
主要用户:	美国空军

KC-46 "飞马"空中加油机是一种战略运输机和空中加油机，衍生自波音767系列机型，原名KC-767。该机的研发计划曾被终止，2011年2月又被美国空军重新启动，并更名为KC-46。该机采用美国空军通用的伸缩套管加油模式和"远距空中加油操作者"系统，具备一次为8架战斗机补充燃料的能力。由于机体使用了石墨碳纤维、"凯夫拉"纤维等新型材料，结构强度和寿命大大提升，重量也有所减轻。

KC-46空中加油机能为目前所有的西方战斗机进行加油，其突出特点是采用了可变换货舱的结构设计，同时具有运输机和加油机的功能。在保持加油能力的前提下，可以容纳200名乘员和4辆军用卡车。KC-767空中加油机比KC-135空中加油机能多载20%的燃料，货物和人员运输能力更是KC-135空中加油机的3倍。

AH-1
"眼镜蛇"武装直升机

英文名称:	AH-1 Cobra
研制国家:	美国
制造厂商:	贝尔直升机公司
重要型号:	AH-1G/Q/S/P/E/F
生产数量:	1116架
服役时间:	1967年至今
主要用户:	美国陆军、日本陆上自卫队、以色列空军、土耳其陆军、泰国陆军

基本参数	
机身长度	13.6米
机身高度	4.1米
旋翼直径	14.63米
空重	2993千克
最大速度	277千米/小时
最大航程	510千米

AH-1"眼镜蛇"武装直升机是美国陆军第一代武装直升机，其发动机、传动装置和旋翼系统与UH-1通用直升机基本相同。AH-1武装直升机的机身为窄体细长流线形，座舱为纵列双座布局，射手在前，驾驶员在后。AH-1武装直升机的座椅、驾驶舱两侧及重要部位都有装甲保护，自密封油箱能耐受23毫米口径机炮射击。该机采用两叶旋翼和两叶尾桨，桨叶由铝合金大梁、不锈钢前缘和铝合金蜂窝后段组成，桨尖后掠。

AH-1武装直升机的主要武器为1门20毫米M197三管机炮（备弹750发），4个武器挂载点可按不同配置方案选挂BGM-71"陶"式、AIM-9"响尾蛇"和AGM-114"地狱火"等导弹，以及不同规格的火箭发射巢和机枪吊舱等。

AH-6
"小鸟"武装直升机

英文名称	AH-6 Little Bird
研制国家	美国
制造厂商	休斯直升机公司
重要型号	AH-6C/F/G/J/M/X
生产数量	1420架
服役时间	1980年至今
主要用户	美国陆军、马来西亚陆军、韩国陆军

基本参数	
机身长度	9.8米
机身高度	3米
旋翼直径	8.3米
空重	722千克
最大速度	282千米/小时
最大航程	430千米

  AH-6"小鸟"武装直升机是一种单引擎轻型武装直升机，最初是以OH-6"小马"侦察直升机为基础改良而来，后期版本则以民用的MD 500E直升机为发展蓝本。该机的衍生型较多，如对地攻击、指挥控制、侦察、反潜、运兵、训练、救援和后勤支援等。

  为了便于运输，AH-6武装直升机的尾梁可折叠。AH-6系列直升机的发动机有多种不同型号，从AH-6C使用的309千瓦的艾利森250-C20B涡轮轴发动机，到AH-6M使用的478千瓦的艾利森250-C30R/3M发动机，均有不俗的动力性能。AH-6武装直升机可以搭载的武器种类较多，包括7.62毫米机枪、30毫米机炮、70毫米火箭发射巢、"陶"式反坦克导弹等，甚至还能挂载"毒刺"导弹进行空战。

AH-64
"阿帕奇"武装直升机

英文名称：AH-64 Apache
研制国家：美国
制造厂商：休斯直升机公司
重要型号：AH-64A/B/C/D/E/F
生产数量：5000架以上
服役时间：1984年至今
主要用户：美国陆军、韩国陆军、荷兰空军、日本陆上自卫队、以色列空军

基本参数	
机身长度	17.73米
机身高度	3.87米
旋翼直径	14.63米
空重	5165千克
最大速度	293千米/小时
最大航程	1900千米

　　AH-64"阿帕奇"武装直升机是一种双引擎双座全天候武装直升机，机身为传统的半硬壳结构，前方为纵列式座舱，副驾驶员/炮手在前座、驾驶员在后座。驾驶员座位比前座高48厘米，且靠近直升机转动中心，视野良好，有利于驾驶直升机贴地飞行。起落架为后三点式，支柱可向后折叠，尾轮为全向转向自动定心尾轮。

　　AH-64武装直升机的主要武器为1门30毫米M230"大毒蛇"链式机关炮，备弹1200发。该机有4个武器挂载点，可挂载16枚AGM-114"地狱火"导弹，或76枚70毫米火箭弹（4个19管火箭发射巢），也可混合挂载。此外，后期型号还可使用AIM-92"毒刺"导弹、AGM-122"侧投"导弹、AIM-9"响尾蛇"导弹、BGM-71"陶"式导弹等武器。

▲ AH-64武装直升机在低空飞行

▼ AH-64武装直升机后方视角

S-97
"侵袭者"武装直升机

英文名称：	S-97 Raider
研制国家：	美国
制造厂商：	西科斯基飞机公司
重要型号：	S-97
生产数量：	尚未量产
服役时间：	尚未服役
主要用户：	美国陆军

基本参数

机身长度	11米
机身高度	3.5米
旋翼直径	10米
空重	4057千克
最大速度	440千米/小时
最大航程	570千米

S-97"侵袭者"武装直升机于2015年5月成功完成首飞，截至2025年3月仍处于研发阶段。该机型采用共轴对转双旋翼与尾部推进桨的创新设计，不仅保留了直升机的传统优势，还弥补了传统直升机的一些固有不足。其飞行速度和静音性能显著优于传统军用直升机，同时具备火力打击和兵力投送的双重功能。

S-97直升机在机头下方装备了一门新型加特林机炮，这款机炮采用了隐身设计，炮身被包裹在一个圆筒内，拥有6个炮管，射速约为6000发/分。此外，S-97直升机在机身两侧各设有一个外挂点，能够挂载"地狱火"反坦克导弹等精确制导武器。S-97直升机还在尾部推进器两侧增加了平衡翼，可防止导弹发射后的碎片和火焰直接接触到尾部螺旋桨，从而确保直升机在使用任一侧武器时都能稳定控制机身。

UH-1

"伊洛魁"通用直升机

英文名称：UH-1 Iroquois
研制国家：美国
制造厂商：贝尔直升机公司
重要型号：UH-1A/B/C/D/H/M/N/P/V/Y
生产数量：16000架以上
服役时间：1959年至今
主要用户：美国陆军、日本陆上自卫队、澳大利亚空军、新西兰空军

基本参数	
机身长度	17.4米
机身高度	4.4米
旋翼直径	14.6米
空重	2365千克
最大速度	220千米/小时
最大航程	510千米

　　UH-1"伊洛魁"通用直升机是一种军用中型通用直升机，采用单发单旋翼带尾桨布局，尾桨装在尾斜梁左侧。机身为普通全金属半硬壳式结构，由两根纵梁和若干隔框及金属蒙皮组成。机身分前后两段，前段是主体，后段是尾梁。起落架是十分简洁的两根杆状滑橇。机身左右开有大尺寸舱门，便于人员及货物的上下。机内装有全套全天候飞行仪表、多通道高频收发报机、仪表着陆指示器、甚高频信标接收机和IC-4导航罗盘等电子设备。

　　UH-1通用直升机可采用多种武器，常见为2挺7.62毫米M60机枪、或2挺7.62毫米GAU-17机枪，加上两具7发或19发91.67毫米火箭吊舱。该机早期型号装有一台T53-L-11涡轮轴发动机，起飞功率为820千瓦。后期型号换装了T53-L-13B涡轮轴发动机，功率为1045千瓦。

UH-60
"黑鹰"通用直升机

英文名称：	UH-60 Black Hawk
研制国家：	美国
制造厂商：	西科斯基飞机公司
重要型号：	UH-60A/C/L/V/M
生产数量：	5000架以上
服役时间：	1979年至今
主要用户：	美国陆军、土耳其陆军、韩国陆军、以色列空军、巴西陆军

基本参数	
机身长度	19.76米
机身高度	5.13米
旋翼直径	16.36米
空重	4819千克
最大速度	357千米/小时
最大航程	2220千米

UH-60"黑鹰"通用直升机是一种双引擎中型通用直升机，采用四片桨叶全铰接式旋翼系统，旋翼由钛合金和玻璃纤维制造，直径为16.36米，可以折叠。为改善旋翼的高速性能，还采用了先进的后掠桨尖技术。四片尾桨设在尾梁左侧，以略微上倾的角度安装，可协助主旋翼提供部分升力。另外，尺寸很大的水平尾翼还可增加飞行中的稳定性。

与UH-1通用直升机相比，UH-60通用直升机大幅提升了部队容量和货物运送能力。在大部分天气情况下，3名机组成员中的任何一个都可以操纵将飞机运送全副武装的11人步兵班。拆除8个座位后，可以运送4个担架。此外，还有一个货运挂钩可以执行外部吊运任务。UH-60通用直升机通常装有两挺机枪，1具十九联装70毫米火箭发射巢，还可发射AGM-119"企鹅"反舰导弹和AGM-114"地狱火"空对地导弹。

UH-72
"勒科塔"通用直升机

英文名称：UH-72 Lakota
研制国家：法国、德国
制造厂商：欧洲直升机公司
重要型号：UH-72A/B
生产数量：460架以上
服役时间：2007年至今
主要用户：美国陆军、美国海军、泰国陆军

基本参数	
机身长度	13.03米
机身高度	3.45米
旋翼直径	11米
空重	1792千克
最大速度	269千米/小时
最大航程	685千米

UH-72"勒科塔"通用直升机是一种轻型通用直升机，主要用于取代UH-1通用直升机和OH-58侦察直升机。该机的机舱布局比较合理，在执行医疗救护任务时，机舱内可以同时容纳两张担架和两名医疗人员，由于舱门较大，躺着伤员的北约标准担架可以很方便地出入机舱。

UH-72通用直升机具有优异的高海拔/高温性能，在执行人员运输任务时，机舱内可容纳不少于6名全副武装的士兵。另外，机载无线电也是UH-72通用直升机的一大突出优势。该机的机载无线电设备工作频带不仅涵盖国际民航组织规定的通信频率，与各国民航部门进行通信，还能够与军事、执法、消防和护林等单位进行联系。

CH-46
"海骑士"运输直升机

英文名称:	CH-46 Sea Knight
研制国家:	美国
制造厂商:	波音公司
重要型号:	CH-46A/D/E/F/X
生产数量:	524架
服役时间:	1964年至今
主要用户:	美国海军、加拿大陆军、日本自卫队、瑞典海军、沙特阿拉伯内政部

基本参数	
机身长度	13.66米
机身高度	5.09米
旋翼直径	15.24米
空重	5255千克
最大速度	267千米/小时
最大航程	1020千米

　　CH-46"海骑士"运输直升机是一种双引擎运输直升机,主要担任物资和人员运输任务,也经常执行一些特种行动。该机装有两台通用电气T58-GE-16发动机,每台功率为1400千瓦。标准座舱布局为2名飞行员、1名机上服务员和25名乘客。舱内有行李架和一个位于后机身下部的行李舱,可装载680千克货物。

　　CH-46运输直升机是美国海军装备过的直升机中体形较大的一种,独特的前后纵列式螺旋桨设计大大改善了该机的飞行性能,各个方向上的可操控性均比较优秀。另外,这项设计也提高了CH-46运输直升机的安全性能。该机设有尾门,用于海上搜救的时候,尾门还是很方便的跳水平台,便于潜水救生员入水,也便于在水面悬停时把落水人员或者橡皮艇拖上直升机。

CH-47
"支奴干"运输直升机

英文名称：CH-47 Chinook
研制国家：美国
制造厂商：波音公司
重要型号：CH-47A/B/C/D/F/J
生产数量：1200架以上
服役时间：1962年至今
主要用户：美国陆军、日本陆上自卫队、荷兰空军、韩国陆军、意大利陆军

基本参数	
机身长度	30.1米
机身高度	5.7米
旋翼直径	18.3米
空重	11148千克
最大速度	315千米/小时
最大航程	741千米

　　CH-47"支奴干"运输直升机是一种双引擎中型运输直升机，具有全天候飞行能力，可在恶劣的高温、高原气候条件下执行任务。该机可进行空中加油，具有远程支援能力，同时具有一定的抗毁伤能力，其玻璃钢桨叶即使被23毫米穿甲燃烧弹和高爆燃烧弹射中后，仍能安全返回基地。CH-47运输直升机的运输能力较强，可运载55名全副武装的士兵，或运载1个炮兵排，还可吊运火炮等大型装备。

　　CH-47运输直升机的机身为正方形截面半硬壳式结构，机身后部有货运跳板和舱门。部分型号的机身上半部分为水密隔舱式，可在水上起降。该机有两副纵列反向旋转的3片桨叶旋翼，前低后高配置，后旋翼塔较高，径向尺寸较大，起到垂尾作用。CH-47运输直升机采用不可收放的四轮式起落架，两个前起落架均为双轮，两个后起落架为单轮。

CH-53
"海上种马"运输直升机

英文名称：	CH-53 Sea Stallion
研制国家：	美国
制造厂商：	西科斯基飞机公司
重要型号：	CH-53A/D/G
生产数量：	800架以上
服役时间：	1966年至今
主要用户：	美国海军陆战队、德国陆军、以色列空军、墨西哥空军、奥地利空军

基本参数	
机身长度	26.97米
机身高度	7.6米
旋翼直径	22.01米
空重	10740千克
最大速度	315千米/小时
最大航程	1000千米

CH-53"海上种马"运输直升机是一种双引擎重型突击运输直升机,也可用于反潜和救援。该机是美军少数能在低能见度条件下借助机上设备在标准军用基地自行起降的直升机之一。CH-53运输直升机通常被布置在两栖攻击舰上,是美国海军陆战队从舰到陆的重要突击力量。

CH-53运输直升机采用单一主旋翼加尾桨的普通布局,机舱呈长立方体形状,剖面为方形,有多个侧门和一个大型放倒尾门方便装卸工作。旋翼有6片全铰接式铝合金桨叶,可以折叠。尾桨由4片铝合金桨叶组成。动力装置为两台通用电气T64-GE-413涡轴发动机,单台功率为2927千瓦。驾驶舱可容纳3名空勤人员,座舱可容纳37名全副武装士兵或24副担架,外加4名医务人员。

MH-139
"灰狼"运输直升机

英文名称：	MH-139 Grey Wolf
研制国家：	美国
制造厂商：	波音公司
重要型号：	MH-139A
生产数量：	36架（计划）
服役时间：	2020年至今
主要用户：	美国空军

基本参数

机身长度	16.66米
机身高度	4.98米
旋翼直径	13.8米
空重	6400千克
最大速度	310千米/小时
最大航程	1400千米

MH-139"灰狼"运输直升机一种中型运输直升机，主要用于安全巡逻、搜索与救援任务，以及人员和货物的运输。该直升机实际上是意大利列奥纳多AW139直升机的美国本土化改进型号。2024年3月，首架完成战术整备及具有作战能力的MH-139直升机抵达美国蒙大拿州的马姆斯特罗姆空军基地。

MH-139直升机配备了两台由全权限数字电子控制（FADEC）系统控制的普惠加拿大PT6涡轴发动机。这些发动机被安装在独立的发动机涡轮爆裂防护箱中，每个发动机都有独立的输入连接到主变速箱。通过降低气流和采用定向排气技术，发动机的红外特征得以减少，从而降低了尾部机身上的尾焰影响。MH-139直升机配备了先进的航电系统和全自动驾驶仪，提高了飞行员的情境意识，降低了飞行任务的复杂性。

OH-58
"奇欧瓦"侦察直升机

英文名称：OH-58 Kiowa
研制国家：美国
制造厂商：贝尔直升机公司
重要型号：OH-58A/B/C/D
生产数量：2300架
服役时间：1969年至今
主要用户：美国陆军、澳大利亚陆军、加拿大空军、沙特阿拉伯空军

基本参数

机身长度	12.39米
机身高度	2.29米
旋翼直径	10.67米
空重	1490千克
最大速度	222千米/小时
最大航程	556千米

OH-58"奇欧瓦"侦察直升机是一种轻型侦察直升机，后期改进型OH-58D增强了侦察和火力支援能力，变为轻型武装侦察直升机，使用范围得到了扩展，可以单独执行战术侦察任务，也可协同专用武装直升机作战，或为地面炮兵提供侦察、校炮的工作。

OH-58直升机装有滑橇式起落架，机身两侧各有一个舱门，舱内有加温和通风设备。OH-58D沿用了OH-58A的机身，加强了机体结构，以延长其服役寿命。OH-58D采用4叶复合材料主旋翼，机身两侧有全球直升机通用挂架，并装有桅顶瞄准具，能提供非常好的视界。OH-58D可以同时搭载下列四种武器中的两种：2枚AGM-114导弹、2枚AIM-92导弹、7枚70毫米火箭弹、1门12.7毫米M2重机枪。OH-58D在35节阵风下，仍能保持良好的纵向操纵性能。

SH-2
"海妖"舰载直升机

英文名称：SH-2 Seasprite
研制国家：美国
制造厂商：卡曼飞机公司
重要型号：SH-2D/F/G
生产数量：184架
服役时间：1962年至今
主要用户：美国海军、新西兰空军

基本参数	
机身长度	15.9米
机身高度	4.11米
旋翼直径	13.41米
空重	2767千克
最大速度	261千米/小时
最大航程	1080千米

　　SH-2"海妖"舰载直升机是一种全天候多用途舰载直升机，可执行反潜、搜救和观察等任务。该机采用全金属半硬壳式结构，具备防水功能，能漂浮的机腹内有主油箱。旋翼桨叶有4片，可人工折叠。旋翼桨毂由钛合金制成，旋翼桨叶为全复合材料，桨叶与桨毂固定连接。这种旋翼系统振动小，可靠性高，维护简单。尾桨桨叶为4片。起落架为后三点式，主起落架为双机轮，可向前收起。后起落架为单机轮，不可收放。

　　SH-2舰载直升机有3名机组人员，包括驾驶员、副驾驶员/战术协调员、探测设备操作员。该机可携带2枚Mk 46鱼雷或Mk 50鱼雷，每侧舱门外可安装1挺7.62毫米机枪。动力装置为两台通用电气公司的T700-GE-401涡轮轴发动机，并列安装在旋翼塔座两侧，单台功率为1285千瓦。

SH-3
"海王"舰载直升机

英文名称：	SH-3 Sea King
研制国家：	美国
制造厂商：	西科斯基飞机公司
重要型号：	SH-3A/D/G/H
生产数量：	1300架以上
服役时间：	1961年至今
主要用户：	美国海军、美国空军、意大利海军、巴西海军、马来西亚空军

基本参数

机身长度	16.7米
机身高度	5.13米
旋翼直径	19米
空重	5382千克
最大速度	267千米/小时
最大航程	1000千米

SH-3"海王"舰载直升机是研制的双引擎中型多用途直升机，可执行反潜、反舰、搜救、运输、通信等任务。该机的任务装备非常广泛，典型的有4枚鱼雷、4枚水雷或2枚"海鹰"反舰导弹，用于保护航母战斗群。在担任救援任务时，可以搭载22名生还者，或9具担架和2名医护人员，运兵时可以搭载22名全副武装的士兵。

SH-3舰载直升机在机身的顶部并列安装了两台T58-GE-8B涡轮轴发动机，旋翼和尾桨都为5片。机身为矩形截面，就算掉入水中也能防水一段时间。机身左右两侧各设一具浮筒以增加横侧稳定性，后三点式起落架能够收入浮筒及机身尾部。舱内可以放搜索设备或人员物资，机身侧面设有大型舱门方便装载，外吊挂能力高达3630千克。

V-22
"鱼鹰"倾转旋翼机

英文名称：	V-22 Osprey
研制国家：	美国
制造厂商：	贝尔直升机公司、波音公司
重要型号：	V-22A、CV-22B、MV-22B
生产数量：	400架以上
服役时间：	2007年至今
主要用户：	美国空军、美国海军陆战队、日本自卫队、以色列空军

基本参数	
机身长度	17.5米
机身高度	11.6米
翼展	14米
空重	15032千克
最大速度	565千米/小时
最大航程	1627千米

  V-22"鱼鹰"倾转旋翼机是一种将固定翼飞机和直升机特点融为一体的新型飞行器，具有速度快、噪声小、振动小、航程远、载重量大、耗油率低、运输成本低等优点，但也有技术难度高、研制周期长、气动特性复杂、可靠性及安全性低等缺陷。

  V-22倾转旋翼机的机翼两端各有一个可变向的旋翼推进装置，包含劳斯莱斯T406涡轮轴发动机及由3片桨叶所组成的旋翼，整个推进装置可以绕机翼轴由朝上与朝前之间转动变向，并能固定在所需方向，因此能产生向上的升力或向前的推力。当V-22倾转旋翼机的推进装置垂直向上，产生升力，便可像直升机一样垂直起飞、降落或悬停。在起飞之后，推进装置可转到水平位置产生向前的推力，像固定翼螺旋桨飞机一样依靠机翼产生升力飞行。

▲ V-22倾转旋翼机侧后方视角

▼ V-22倾转旋翼机侧面视角

MQ-1
"捕食者"无人机

英文名称：	MQ-1 Predator
研制国家：	美国
制造厂商：	通用原子技术公司
重要型号：	MQ-1A/B/C、RQ-1A/B
生产数量：	360架
服役时间：	1995年至今
主要用户：	美国空军、意大利空军、土耳其空军

基本参数

机身长度	8.22米
机身高度	2.1米
翼展	14.8米
空重	512千克
最大速度	217千米/小时
最大航程	3704千米

　　MQ-1"捕食者"无人机是一种无人攻击机，采用低置直翼、倒V形垂尾、收放式起落架、推进式螺旋桨，传感器炮塔位于机头下面，上部机身前方呈球茎状。MQ-1无人机的动力装置为一台罗塔克斯914F涡轮增压四缸发动机，最大功率为86千瓦。该机可执行侦察任务，也可携带两枚AGM-114"地狱火"导弹用于攻击。

　　MQ-1无人机可在粗略准备的地面上起飞升空，起降距离约670米，起飞过程由遥控飞行员进行视距内控制。在回收方面，MQ-1无人机可以采用软式着陆和降落伞紧急回收两种方式。MQ-1无人机可以在目标上空逗留24小时，对目标进行充分的监视，最大续航时间高达60小时。该机的侦察设备在4000米高处的分辨率为0.3米，对目标定位精度达到极为精确的0.25米。

RQ-4
"全球鹰"无人机

英文名称：	RQ-4 Global Hawk
研制国家：	美国
制造厂商：	诺斯罗普·格鲁曼公司
重要型号：	RQ-4A/B/E、MQ-4C
生产数量：	45架以上
服役时间：	2004年至今
主要用户：	美国空军、美国海军

基本参数	
机身长度	14.5米
机身高度	4.7米
翼展	39.9米
空重	3850千克
最大速度	629千米/小时
最大航程	22779千米

RQ-4"全球鹰"无人机是一种大型无人侦察机，其角色类似于U-2侦察机。该机体积巨大，翼展与中型客机相近。机身为平常的铝合金，机翼则是碳纤维。整个"全球鹰"系统分为四个部分，即机体、侦测器、航空电子系统、资料链。地上部分主要有两大部分，即发射维修装置和任务控制装置。

RQ-4无人机的机载燃料超过7000千克，自主飞行时间长达41小时，可以完成洲际飞行。它可在距发射区5556千米的范围内活动，可在目标区上空18300米处停留24小时。RQ-4无人机装有高分辨率合成孔径雷达，还有光电红外线模组，提供长程长时间全区域动态监视。RQ-4无人机还可以进行波谱分析的谍报工作，提前发现全球各地的危机和冲突，也能协助导引空军的导弹轰炸，使误击率降低。

RQ-5
"猎人"无人机

英文名称：RQ-5 Hunter
研制国家：以色列
制造厂商：以色列航空工业公司
重要型号：RQ-5A/B
生产数量：75架
服役时间：1995～2015年
主要用户：美国陆军

基本参数	
机身长度	7米
机身高度	1.7米
翼展	8.9米
最大起飞重量	727千克
最大速度	200千米/小时
最大航程	260千米

  RQ-5"猎人"无人机是一种无人侦察机，主要功能是搜集实时图像情报、战场损失估计、侦察和监视、搜寻目标、战场观察等。该机搭载的侦察设备主要是以色列航空工业公司开发的多功能光电设备，具备昼夜侦察能力。此外，RQ-5无人机还装备了一具激光指向器和多种通信系统，以及诺斯罗普·格鲁曼公司研制的通信干扰、通信告警接收机和雷达干扰机等电子对抗设备。

  RQ-5无人机的GCS-3000地面控制站由两名操作员控制，主要进行跟踪、指挥、控制和联络RQ-5无人机及其设备。一个地面控制站可以控制一架或两架无人机。

RQ-7
"影子"无人机

英文名称：	RQ-7 Shadow
研制国家：	美国
制造厂商：	AAI公司
重要型号：	RQ-7A/B
生产数量：	500架以上
服役时间：	2002年至今
主要用户：	美国陆军

基本参数

机身长度	3.4米
机身高度	1米
翼展	4.3米
空重	84千克
最大速度	204千米/小时
使用范围	109千米

RQ-7"影子"无人机是一种无人侦察机，也是美国陆军"固定翼战术无人机"项目中最重要的部分，全套系统包括飞机、任务载荷模块、地面控制站、发射与回收设备和通信设备。在作战时，RQ-7无人机系统需要4辆多功能轮式装甲车运输，其中两辆装载零部件，另两辆作为装甲运兵车搭载操作人员。

RQ-7无人机具有体积小、重量轻的特点，整套系统可通过C-130运输机快速部署到战区的任何一个地方。该无人机的探测能力较强，可探测到距离陆军旅战术作战中心约125千米外的目标，并可在2400米的高空全天候侦察到3.5千米倾斜距离内的地面战术车辆。

RQ-11
"大乌鸦"无人机

英文名称：RQ-11 Raven	
研制国家：美国	
制造厂商：航宇环境公司	
重要型号：RQ-11A	
生产数量：19000架以上	
服役时间：2003年至今	
主要用户：美国空军、美国陆军、美国海军陆战队	

基本参数	
机身长度	1.09米
翼展	1.3米
空重	1.9千克
巡航速度	56千米/小时
续航时间	1.5小时
使用范围	10千米

RQ-11"大乌鸦"无人机是一种无人侦察机。其机体由"凯夫拉"纤维增强复合材料制造，结构坚固，在设计上考虑了抗坠毁性能，不易发生解体。每套系统包括1个地面控制中心和3架无人机。RQ-11无人机的机身非常小巧，分解后可以放入背包内携带。

RQ-11无人机大大扩展了美军基本单位的视界，使他们具有不俗的情报监视和侦察能力。在使用时，仅需一名士兵抛射即可起飞。RQ-11无人机的静音性良好，在90米高度以上飞行时，地面人员基本上听不到电动马达的声音，再加上较小的体积，所以很少遭受敌方地面火力的攻击。

RQ-14
"龙眼"无人机

英文名称:	RQ-14 Dragon Eye
研制国家:	美国
制造厂商:	航宇环境公司
重要型号:	RQ-14A/B
生产数量:	1000架以上
服役时间:	2002年至今
主要用户:	美国海军陆战队

基本参数	
机身长度	0.9米
翼展	1.1米
空重	2.7千克
巡航速度	65千米/小时
最大航程	10千米
实用升限	150米

RQ-14"龙眼"无人机是一种小型无人侦察机,由螺旋桨推进,装有一台摄像机,摄像机由美国海军陆战队作战实验室开发,可分成五个部分便于携带。操作人员使用一套包括计算机处理器和地图显示器的可穿戴地面控制站对其控制,计算机处理器和地图显示器安装在操作人员前臂或防护衣上。通过点击地图显示器,告知无人机飞行的高度、目的地及返回时间。

RQ-14无人机可以飞行到距离操作员10千米的区域侦察敌情。该机由锌-空气电池驱动,通过手持发射,可重复使用。该机的电子发动机噪音信号低,不易被发现。

RQ-170
"哨兵"无人机

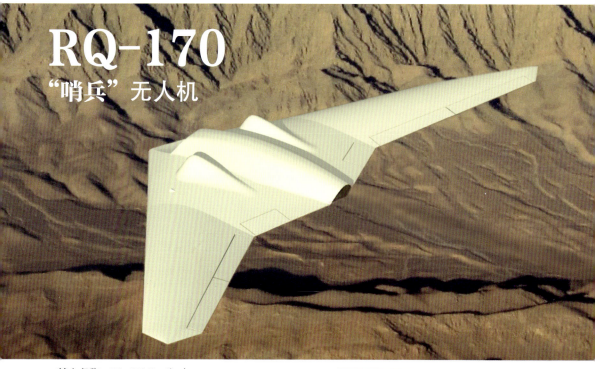

英文名称：	RQ-170 Sentinel
研制国家：	美国
制造厂商：	洛克希德·马丁公司
重要型号：	RQ-170
生产数量：	20架以上
服役时间：	2007年至今
主要用户：	美国空军

基本参数	
机身长度	4.5米
机身高度	1.8米
翼展	20米
最大起飞重量	3856千克
实用升限	15000米

RQ-170"哨兵"无人机是一种隐形无人侦察机，采用"无尾飞翼式"的设计理念，外形与B-2隐形轰炸机相似，如同一只回旋镖。该机可用于对特定目标进行侦察和监视，曾在"持久自由"行动中被部署在阿富汗境内。

由于美国军方尚未完全公开RQ-170无人机的信息，因此外界对其作战性能知之甚少。根据公开来源的图像，航空专家估计RQ-170无人机配备了电光/红外传感器，机身腹部的整流罩上还可能安装有主动电子扫描阵列雷达。机翼之上的两个整流罩装备数据链，机身腹部和机翼下方的整流罩安装模块化负载，从而允许无人机实施武装打击并执行电子战任务。另外，RQ-170无人机甚至可能配备高能微波武器。

MQ-8
"火力侦察兵"无人机

英文名称:	MQ-8 Fire Scout
研制国家:	美国
制造厂商:	诺斯罗普·格鲁曼公司
重要型号:	MQ-8A/B
生产数量:	30架以上
服役时间:	2009年至今
主要用户:	美国陆军、美国海军

基本参数	
机身长度	7.3米
机身高度	2.9米
翼展	8.4米
空重	940千克
最大速度	213千米/小时
使用范围	203千米

MQ-8"火力侦察兵"无人机是一种垂直起降无人机,充分利用了成熟的直升机技术和零部件,仅对机身和燃油箱做一些改进,而机载通信系统和电子设备又采用了诺斯罗普·格鲁曼公司自家的RQ-4无人机所使用的系统,这样做有利于节省成本和缩短研制周期。MQ-8A和MQ-8B在外形上区别较大,MQ-8A的旋翼有3片桨叶,而MQ-8B的旋翼有4片桨叶。此外,两者的传感器和航空电子设备也有明显区别。

MQ-8无人机可在战时迅速转变角色,执行包括情报、侦察、监视、通信中继等在内的多项任务。同时,这种做法还可为今后进行升级改造预留充足的载荷空间。MQ-8无人机具备挂载"蝰蛇打击"智能反装甲滑翔弹和"九头蛇"低成本精确杀伤火箭的能力,也可以使用"地狱火"导弹和以色列拉斐尔公司的"长钉"导弹。

MQ-9
"收割者"无人机

英文名称：	MQ-9 Reaper
研制国家：	美国
制造厂商：	通用原子技术公司
重要型号：	MQ-9A/B
生产数量：	300架以上
服役时间：	2007年至今
主要用户：	美国空军、法国空军、英国空军、意大利空军、荷兰空军

基本参数	
机身长度	11米
机身高度	3.8米
翼展	20米
空重	2223千克
最大速度	482千米/小时
使用范围	5926千米

　　MQ-9"收割者"无人机是一种无人攻击机，可为地面部队提供近距空中支援。每架无人机都配备一名飞行员和一名传感器操作员，他们在地面控制站内实现对MQ-9无人机的作战操控。飞行员虽然不是在空中亲自驾驶，但他手中依旧操纵着控制杆，同样拥有开火权，而且还要观测天气，实施空中交通控制，施展作战战术。

　　MQ-9无人机装备有先进的红外设备、电子光学设备以及微光电视和合成孔径雷达，拥有不俗的对地攻击能力，并拥有卓越的续航能力。此外，MQ-9无人机还可以为空中作战中心和地面部队收集战区情报，对战场进行监控，并根据实际情况开火。相比MQ-1，MQ-9无人机的动力更强，飞行速度可达MQ-1的3倍，而且拥有更大的载弹量，装备6个武器挂架，可搭载"地狱火"导弹和500磅炸弹等武器。

MQ-25
"刺鳐"无人机

英文名称:	MQ-25 Stingray
研制国家:	美国
制造厂商:	波音公司
重要型号:	MQ-25A
生产数量:	尚未量产
服役时间:	尚未服役
主要用户:	美国海军

基本参数	
机身长度	15.5米
机身高度	3米
翼展	22.9米
空重	6400千克
最大速度	千米/小时
最大航程	930千米

MQ-25"刺鳐"无人机于2019年9月成功完成首次飞。其最初设计是为了满足美国海军对一款能够与有人舰载机协同作战的无人战斗机的需求。然而，美国海军后来意识到，将有人驾驶、攻击能力、网络连接以及智能化等复杂功能集成于一款作战飞机上会导致成本大幅上升。因此，美国海军调整了策略，转而开发一种无人加油机，希望通过新型加油方式，特别是隐身加油机与隐身战斗机的配合，构建空中作战与保障的双重隐身布局。

MQ-25无人机采用了低可探测性进气道和V形尾翼设计，其机身设计具备一定的隐身特性。该无人机能够在航空母舰上顺利进行起降操作。美国海军的目标是使每架MQ-25无人机能够在500海里（约930千米）的范围内，为4～6架飞机提供总计6800千克的燃料补给。

XQ-58
"女武神"无人机

英文名称:	XQ-58 Valkyrie
研制国家:	美国
制造厂商:	克拉托斯公司
重要型号:	XQ-58A
生产数量:	尚未量产
服役时间:	尚未服役
主要用户:	美国空军、美国海军陆战队

基本参数	
机身长度	9.1米
机身高度	4米
翼展	8.2米
空重	1134千克
最大速度	1048千米/小时
最大航程	5600千米

  XQ-58"女武神"无人机是一种远程、高亚音速无人驾驶飞行器,于2019年3月在犹马试验场成功完成首飞。美军的作战构想是让一架F-35战斗机指挥多架XQ-58无人机进行集群作战,其中XQ-58无人机负责对敌方目标发起攻击,而F-35战斗机则可避免自身暴露,提高作战效能和生存能力。

  为确保成本的有效控制,XQ-58无人机摒弃了传统的起落架和起降控制机构,改用火箭助推起飞和降落伞回收的方式。为了与F-35战斗机的速度相匹配,XQ-58无人机选用了涡轮风扇发动机作为动力系统。同时,该无人机将进气道巧妙地设计在飞机背部,利用机身完全遮挡进气道,从而大幅降低了雷达反射面积。XQ-58无人机的长度超过9米,自重超过1吨,且具备携带多种制导武器的能力,成为F-35战斗机提升战斗力的有效补充。

Military
Aircraft 第3章

苏联/俄罗斯军用飞机

从二战到冷战时期，苏联一直是世界上航空工业最为发达的国家之一。苏联解体后，俄罗斯继承了苏联大部分工业根基，保留了完整航空工业体系，所以仍具有很强的实力。

La-7 战斗机

英文名称：La-7	基本参数	
研制国家：苏联	机身长度	8.6米
制造厂商：拉沃契金设计局	机身高度	2.54米
重要型号：La-7T/K/R/PVRD/UTI	翼展	9.8米
生产数量：5753架	空重	3315千克
服役时间：1944~1950年	最大速度	661千米/小时
主要用户：苏联空军、捷克斯洛伐克空军	最大航程	665千米

La-7战斗机是二战中苏联空军最实用的战斗机之一，由La-5战斗机改进而来。该机的主要结构仍是木材，机身主梁和各舱段隔板为松木，蒙皮为薄胶合板和多层高密度织物压制而成，厚度由机头至机尾为6.8毫米至3.5毫米，其强度要比La-5战斗机更大。由于机头要安装发动机和弹药舱，因此采用了铬钼合金钢管焊接的支架，驾驶舱也采用金属钢管焊接的支架结构。座舱玻璃为厚55毫米的有机玻璃。

La-7战斗机的速度快，火力强大，是二战中苏联空军打击德国空军的重要力量。该机主要用于对地攻击和对空攻击，对海攻击效果欠佳，可用于掩护轰炸机，可单独作战也可组队拦截。La-5战斗机和La-7战斗机是培养苏联王牌飞行员的摇篮，其中包括最著名的王牌飞行员阔日杜布。

Yak-9 战斗机

英文名称：Yak-9	基本参数	
研制国家：苏联	机身长度	8.55米
制造厂商：雅克列夫设计局	机身高度	3米
重要型号：Yak-9/9T/9K/9D/9B/9M/9S/9P	翼展	9.74米
生产数量：16769架	空重	2350千克
服役时间：1942～1955年	最大速度	1360千米
主要用户：苏联空军、波兰空军、保加利亚空军	最大航程	591千米/小时

Yak-9战斗机是一种单引擎战斗机，生产数量极为庞大。该机是根据作战经验自Yak-7战斗机改良而来，主要特征是完全使用气泡式封闭座舱，可以很明显地与早期的Yak-1战斗机区别开来。

由于苏联增压器技术不足，因此Yak-9战斗机设计目标主要为在中低空对抗德军主力战斗机，除了应付空中优势任务外，雅克列夫设计局也持续改良，使其能够胜任对地支援等任务。作为一款成功的战斗机，Yak-9被发展为一个数量庞大的系列，其中比较重要的机型包括战术侦察型Yak-9P、战斗轰炸型Yak-9B和Yak-9T，以及长程型Yak-9D和后期的标准型Yak-9U等。虽然Yak-9战斗机的整体性能还算不错，但也有一些较严重的缺点，例如防弹和抗毁性较差等。

Yak-38
"铁匠"战斗机

英文名称:	Yak-38 Forger
研制国家:	苏联
制造厂商:	雅克列夫设计局
重要型号:	Yak-38/38U/38M
生产数量:	231架
服役时间:	1976~1991年
主要用户:	苏联海军

基本参数	
机身长度	16.37米
机身高度	4.25米
翼展	7.32米
空重	7385千克
最大速度	1280千米/小时
最大航程	1300千米

　　Yak-38"铁匠"战斗机是一种舰载垂直起降战斗机,它是苏联海军航空兵第一种也是唯一一种实际服役的垂直起降战斗机,同时也是苏联第一种实用化的固定翼舰载机。这种战斗机的航程较短,而主翼的翼载荷也较高,因此机动性也并不算好。

　　Yak-38战斗机装有3台发动机,机尾有1台推进/升举发动机,驾驶舱后方有2台升举发动机。作为舰载机,Yak-38战斗机的主翼可以向上折叠,以节省存放空间。该机的机械结构较为复杂,垂直起飞时耗油量较大,且因需要协调3台发动机共同工作,所以故障率较高。Yak-38战斗机在垂直升降时如有意外发生,弹射座椅会自动弹射。由于航程太短加上事故频发,苏军给Yak-38战斗机起了"和平鸽"、"桅杆保卫者"等外号。

MiG-15
"柴捆"战斗机

英文名称：	MiG-15 Fagot
研制国家：	苏联
制造厂商：	米高扬设计局
重要型号：	MiG-15/15P/15SB/15T/15UTI
生产数量：	13000架以上
服役时间：	1949～1992年
主要用户：	苏联空军、芬兰空军、波兰空军、罗马尼亚空军、印度尼西亚空军

基本参数	
机身长度	10.08米
机身高度	3.7米
翼展	10.08米
空重	3630千克
最大速度	1059千米/小时
最大航程	1240千米

MiG-15"柴捆"战斗机是一种高亚音速喷气式战斗机，也是苏联第一代喷气式战斗机的代表之作。该机是世界上较早实用的后掠翼飞机，已经具备了现代喷气式飞机的雏形。MiG-15战斗机采用机头进气模式，动力装置为一台推力达26.5千牛的克里莫夫VK-1离心式涡轮喷气发动机，具有光滑的机身外形。

MiG-15战斗机安装了3门机炮，翼下还可以挂载炸弹和副油箱。由于没有装备雷达，MiG-15战斗机不具备全天候作战能力。除了航程较短外，MiG-15战斗机在当时拥有最先进的性能指标，正是由于它的出色表现才使在活塞飞机时代默默无闻的米高扬设计局扬名立万，米格飞机也从此闻名于世。

MiG-17
"壁画"战斗机

英文名称:	MiG-17 Fresco
研制国家:	苏联
制造厂商:	米高扬设计局
重要型号:	MiG-17/17A/17AS/17P/17F
生产数量:	11060架
服役时间:	1952年至今
主要用户:	苏联空军、坦桑尼亚空军、古巴空军、埃及空军、印度尼西亚空军

基本参数	
机身长度	11.26米
机身高度	3.8米
翼展	9.63米
空重	3798千克
最大速度	1145千米/小时
最大航程	2060千米

MiG-17"壁画"战斗机是基于MiG-15战斗机的设计经验研制的单引擎高亚音速战斗机,采用中单翼设计,起落架可伸缩。机身结构为半硬壳全金属结构,座舱采用了加压设计,气压来源于发动机。座舱前方和后方有装甲板保护,配备了弹射座椅。前座舱罩是65毫米厚的防弹玻璃。MiG-17战斗机的操纵系统为机械传动式,仅副翼操纵装有液压助力器。

MiG-17战斗机的主要武器为1门37毫米N-37机炮(备弹40发)和2门23毫米NR-23机炮(各备弹80发)。部分MiG-17战斗机装备了机载雷达、具备全天候作战能力。总的来说,MiG-17战斗机保持了MiG-15战斗机最大飞行高度高、爬升速度快的优点,但也继承了其高速飞行时不稳定、难以横向平衡等缺点。

MiG-19
"农夫"战斗机

英文名称：	MiG-19 Farmer
研制国家：	苏联
制造厂商：	米高扬设计局
重要型号：	MiG-19/19P/19PF/19PG/19R
生产数量：	2172架
服役时间：	1955年至今
主要用户：	苏联空军、赞比亚空军、越南空军、坦桑尼亚空军、波兰空军

基本参数

机身长度	12.5米
机身高度	3.9米
翼展	9.2米
空重	5447千克
最大速度	1455千米/小时
最大航程	2200千米

MiG-19"农夫"战斗机是一种双引擎超音速战斗机，也是苏联第一种量产的超音速战斗机。该机采用机头进气设计，部分机型在进气口上方有装有雷达的锥形整流罩。机身蒙皮材质为铝质，尾喷口附近使用少量钢材。机翼为后掠翼设计，机翼前缘后掠角58度。不同型号的MiG-19战斗机使用了不同的发动机。

MiG-19战斗机爬升至10000米高度只需66秒，远超同时期的美国F-100"超佩刀"战斗机。MiG-19战斗机的武器除1门固定的机首机炮和2门机翼机炮外，还可以通过4个挂架挂载导弹或火箭弹，导弹型号主要为R-3空对空导弹，火箭弹包括S-5系列。在20世纪60~70年代，MiG-19战斗机是苏联国土防空部队的主要装备。

MiG-21
"鱼窝"战斗机

英文名称：	MiG-21 Fishbed
研制国家：	苏联
制造厂商：	米高扬设计局
重要型号：	MiG-21/21R/21F/21PF
生产数量：	11496架
服役时间：	1959年至今
主要用户：	苏联空军、俄罗斯空军、乌克兰空军、波兰空军、伊朗空军

基本参数	
机身长度	14.5米
机身高度	4米
翼展	7.15米
空重	5846千克
最大速度	2175千米/小时
最大航程	1210千米

　　MiG-21"鱼窝"战斗机是一种单座单引擎轻型战斗机，其设计紧凑、气动外形良好，采用三角形机翼、后掠尾翼、细长机身、机头进气道、多激波进气锥。各种改型除机身有些变化和垂尾加大外，其他地方基本上保持了原来布局。但由于机载设备不同和武器不同，各种改型的作战能力有明显差别。

　　MiG-21战斗机具有简单、轻便和善于缠斗的特点，而且价格也较为便宜，适合大规模生产。该机的主要武器为1门23毫米G3-23双管机炮，备弹200发，另有4个外部挂架，可携带红外制导或雷达制导的近距空对空导弹或对空、对地火箭和炸弹。总的来说，MiG-21战斗机速度快、减速性能好，但机载设备过于简单，武器挂载能力过小和航程过短，因而作战能力有限。

MiG-23
"鞭挞者"战斗机

英文名称:	MiG-23 Flogger
研制国家:	苏联
制造厂商:	米高扬设计局
重要型号:	MiG-23/23S/23SM/23M/23U
生产数量:	5047架
服役时间:	1970年至今
主要用户:	苏联空军、印度空军、叙利亚空军、保加利亚空军

基本参数	
机身长度	16.7米
机身高度	4.82米
翼展	13.97米
空重	9595千克
最大速度	2445千米/小时
最大航程	2820千米

　　MiG-23"鞭挞者"战斗机是一种多用途超音速战斗机,其外形脱离了米格战斗机机头进气的传统样式,改为两侧进气,得以在机头装大直径天线的火控雷达,实现了超视距攻击。该机采用上单翼布局,并应用了变后掠翼技术,飞行员可以通过座舱里的操作手柄对机翼角度进行调整。

　　MiG-23战斗机的设计思想强调了较大的作战半径、在多种速度下飞行的能力、良好的起降性和优良的中低空作战性能。在武装方面,该机除1门固定的23毫米GSh-23L双管机炮外,还可以通过机翼和机身下的挂架挂载包括R-3、R-23/24和R-60在内的多款空对空导弹,后期型号还可以使用先进的R-27和R-73空对空导弹。不过,MiG-23战斗机的武器系统过于复杂,发射操作太烦琐,容易贻误战机。

MiG-25
"狐蝠"战斗机

英文名称:	MiG-25 Foxbat
研制国家:	苏联
制造厂商:	米高扬设计局
重要型号:	MiG-25/25P/25PD/25M/25R
生产数量:	1186架
服役时间:	1970年至今
主要用户:	苏联空军、阿尔及利亚空军、叙利亚空军

基本参数	
机身长度	19.75米
机身高度	6.1米
翼展	14.01米
空重	20000千克
最大速度	3470千米/小时
最大航程	2575千米

  MiG-25"狐蝠"战斗机是一种高空高速战斗机,其气动布局与之前的米格飞机有较大差别,采用中等后掠的上单翼、两侧进气、双引擎、双垂尾布局。机翼的后掠角为42度,下反角5度,相对厚度4%。为了保证机体能够承受住高速带来的高温,MiG-25战斗机大量采用了不锈钢结构。

  MiG-25战斗机在设计上强调高空高速性能,曾打破多项飞行速度和飞行高度世界纪录,可在24000米高度上以2.8马赫的速度持续飞行。不过,不锈钢结构给MiG-25战斗机带来了更大的重量和更高的耗油量,在其突破3马赫高速飞行时油料不能支撑太久,而且机体本身的重量也限制了载弹量。该机的主要武器是R-40R雷达制导空对空导弹和IR-40T红外制导空对空导弹,每种导弹可以携带2枚。

MiG-29
"支点"战斗机

英文名称：MiG-29 Fulcrum
研制国家：苏联
制造厂商：米高扬设计局
重要型号：MiG-29/29UB/29S/29M/29K
生产数量：1600架以上
服役时间：1982年至今
主要用户：苏联空军、俄罗斯空军、乌克兰空军、伊朗空军、印度空军

基本参数	
机身长度	17.37米
机身高度	4.73米
翼展	11.4米
空重	11000千克
最大速度	2400千米/小时
最大航程	2100千米

MiG-29"支点"战斗机是一种双引擎高性能制空战斗机,整体气动布局为静不安定式,低翼面载荷,高推重比。精心设计的翼身融合体,是其气动设计上的最大特色。MiG-29战斗机的机身结构主要为铝合金制成,部分机身加强隔框使用了钛材料,以适应特定的强度和温度要求,另少量采用了铝锂合金部件。该机的两台发动机间有较大空间,在机背上形成了一个长条状的凹陷。

MiG-29战斗机装有1门30毫米Gsh-301机炮,备弹150发。机炮埋入机首左侧的翼边内,从正面看是一个小孔。MiG-29战斗机的机翼下有7个挂点,机翼每侧3个,机身中轴线下1个,最大载弹量为2000千克。与以往的苏制战机相比,MiG-29战斗机的驾驶舱视野有所改善,但仍然不及同时期的西方战斗机。

▲ MiG-29战斗机在高空飞行

▼ MiG-29战斗机起飞

MiG-31
"捕狐犬"战斗机

英文名称：	MiG-31 Foxhound
研制国家：	苏联
制造厂商：	米高扬设计局
重要型号：	MiG-31/31M/31B/31D/31E
生产数量：	519架
服役时间：	1981年至今
主要用户：	苏联空军、俄罗斯空军、哈萨克斯坦空军

基本参数	
机身长度	22.69米
机身高度	6.15米
翼展	13.46米
空重	21820千克
最大速度	3000千米/小时
最大航程	3000千米

　　MiG-31"捕狐犬"战斗机是由MiG-25战斗机发展而来的串行双座全天候截击战斗机，采用二元进气道两侧进气、悬臂式上单翼、双垂尾正常式布局。机身为全金属，其中合金钢50%、钛合金16%、轻质合金33%，其余为复合材料。与MiG-25战斗机相比，MiG-31战斗机的机头更粗（加装大型雷达）、翼展更大，增加了锯齿前缘，进气口侧面带附面层隔板，换装推力更大的发动机并加强机体结构，以适应低空超音速飞行。此外，增加了外挂点，攻击火力大大加强。

　　MiG-31战斗机的机身巨大、推力发动机耗油高、相控阵雷达功率极强，至今仍能接受各种升级改装。该机装有1门23毫米GSh-23-6六管机炮，备弹230发。全机有8个外挂架，可挂载R-33导弹、R-37导弹、R-40T导弹或R-60导弹。

MiG-35
"支点"F战斗机

英文名称：	MiG-35 Fulcrum-F
研制国家：	俄罗斯
制造厂商：	米高扬设计局
重要型号：	MiG-35/35D/35S/35UB
生产数量：	10架以上
服役时间：	2019年至今
主要用户：	俄罗斯空军、埃及空军

基本参数	
机身长度	17.3米
机身高度	4.7米
翼展	12米
空重	11000千克
最大速度	2400千米/小时
最大航程	3100千米

  MiG-35"支点"F战斗机是一种多用途喷气式战斗机，可在不进入敌方的反导弹区域时，对敌方的地上和水上高精准武器进行有效打击。该机装备了全新的相控阵雷达，其火控系统中还整合了经过改进的光学定位系统，可在关闭机载雷达的情况下对空中目标实施远距离探测。该机的动力装置为两台克里莫夫RD-33涡扇发动机，单台净推力为53千牛。

  MiG-35战斗机不仅配备了智能化座舱，还装有液晶多功能显示屏。它取消了进气道上方的百叶窗式辅助进气门，并在进气口安装可收放隔栅，防止吸入异物。进气道下口位置可以调节，能增大起飞时的空气量。机身后部位置延长以保持其静稳态性。MiG-35战斗机的固定武器是1门30毫米机炮，用于携带各种导弹和炸弹的外挂点为9个，总载弹量为6000千克。

▲ MiG-35战斗机在高空飞行

▼ MiG-35战斗机起飞

Su-15
"细嘴瓶"截击机

英文名称：Su-15 Flagon
研制国家：苏联
制造厂商：苏霍伊设计局
重要型号：Su-15/15UT/15T/15TM/5UM
生产数量：1290架
服役时间：1965～1996年
主要用户：苏联空军、乌克兰空军

基本参数	
机身长度	19.56米
机身高度	4.84米
翼展	9.34米
空重	10874千克
最大速度	2230千米/小时
最大航程	1700千米

  Su-15"细嘴瓶"截击机是一种双引擎截击机。在20世纪70年代末期，该机是苏联高度保密的机种之一，只配置在苏联本土，没有进驻华约其他国家，也没有出口。早期使用三角翼的Su-15截击机在起飞和着陆时表现极差，苏霍伊设计局随之研发了翼尖扩大（机翼面积增大）的版本，并引入吹气襟翼。

  Su-15截击机的动力装置为两台R-13-300涡轮喷气发动机，单台净推力为40千牛，加力推力为70千牛。该机的作战半径较小，但其他方面都被证明是极其优秀的。该机的固定武器是1门23毫米双管机炮，备弹200发。机翼下共有4个外挂点，可挂装AA-3"阿纳布"红外制导或雷达制导空对空导弹、AA-8"蚜虫"红外制导近距空对空导弹，以及其他武器或副油箱。

Su-17
"装配匠"攻击机

英文名称:	Su-17 Fitter
研制国家:	苏联
制造厂商:	苏霍伊设计局
重要型号:	Su-17/17M/17R/17UM
生产数量:	2867架
服役时间:	1970年至今
主要用户:	苏联空军、叙利亚空军、波兰空军、保加利亚空军

基本参数

机身长度	19.02米
机身高度	5.12米
翼展	13.68米
空重	12160千克
最大速度	1860千米/小时
最大航程	2300千米

Su-17"装配匠"攻击机是以Su-7战斗轰炸机为基础发展而来的攻击机。它采用可变后掠翼设计,在进行起降时会把机翼向前张开以减少所需跑道的长度,但在升空后则改为后掠,以维持与Su-7战斗轰炸机相当的空中机动性。

Su-17攻击机继承了Su-7战斗轰炸机的坚固耐用和良好的低空操控性,成为苏联空军真正的战术打击飞机。除Su-7战斗轰炸机的所有武器外,Su-17攻击机还能挂载新的SPPU-22-01机炮吊舱,内置1门23毫米GSh-2-23双管机炮,机炮可向下偏转,飞机在平飞中也能扫射地面,吊舱可以朝前也可以朝后挂载。除机炮外,Su-17攻击机还可挂载3770千克炸弹或导弹。

Su-24
"击剑手"战斗轰炸机

英文名称:	Su-24 Fencer
研制国家:	苏联
制造厂商:	苏霍伊设计局
重要型号:	Su-24/24M/24MK/24MR
生产数量:	1400架以上
服役时间:	1974年至今
主要用户:	苏联空军、俄罗斯空军、乌克兰空军、哈萨克斯坦空军、伊朗空军

基本参数	
机身长度	22.53米
机身高度	6.19米
翼展	17.64米
空重	22300千克
最大速度	1315千米/小时
最大航程	2775千米

　　Su-24"击剑手"战斗轰炸机是一种双座战斗轰炸机,也是苏联第一种能进行空中加油的战斗轰炸机。其机翼后掠角的可变范围为16度~70度,起飞、着陆用16度,对地攻击或空战时为45度,高速飞行时为70度。其机翼变后掠的操纵方式比MiG-23战斗机的手动式更先进,但达不到美国F-14战斗机的水平。

　　Su-24战斗轰炸机装有惯性导航系统,飞机能远距离飞行而不需要地面指挥引导。该机的固定武器为2门30毫米机炮,机上有8个挂架,正常载弹量为5000千克,最大载弹量为7000千克。除了携带传统的空对地导弹等武装执行攻击任务外,Su-24战斗轰炸机也可携带小型战术核武器,进行纵深打击。

Su-25
"蛙足"攻击机

英文名称：Su-25 Frogfoot
研制国家：苏联
制造厂商：苏霍伊设计局
重要型号：Su-25/25K/25UB/25UTG/25T
生产数量：1000架以上
服役时间：1981年至今
主要用户：苏联空军、俄罗斯空军、白俄罗斯空军、乌克兰空军

基本参数	
机身长度	15.53米
机身高度	4.8米
翼展	14.36米
空重	9800千克
最大速度	975千米/小时
最大航程	1000千米

　　Su-25"蛙足"攻击机是一种亚音速攻击机。该机翼为悬臂式上单翼，三梁结构，采用大展弦比、梯形直机翼，机翼前缘有20度左右的后掠角。机身为全金属半硬壳式结构，机身短粗，座舱底部及四周有24毫米厚的钛合金防弹板。机头左侧是空速管，右侧是为火控计算机提供数据的传感器。起落架可收放前三点式。

　　Su-25攻击机结构简单，装甲厚重坚固，易于操作维护，适合在前线战场恶劣的环境中进行对己方陆军的直接低空近距支援作战。该机的主要特点是：能在靠近前线的简易机场上起降，执行近距战斗支援任务；反坦克能力强，机翼下可挂载"旋风"反坦克导弹，射程10千米，可击穿1000毫米厚的装甲；低空机动性能好，可在装弹情况下与Mi-24武装直升机协同，配合地面部队作战。

Su-27
"侧卫"战斗机

英文名称：Su-27 Flanker
研制国家：苏联
制造厂商：苏霍伊设计局
重要型号：Su-27/27S/27P/27K/27M
生产数量：680架以上
服役时间：1985年至今
主要用户：苏联空军、俄罗斯空军、乌克兰空军

基本参数	
机身长度	21.9米
机身高度	5.92米
翼展	14.7米
空重	16830千克
最大速度	2500千米/小时
最大航程	3530千米

  Su-27"侧卫"战斗机是一种单座双引擎全天候重型战斗机，其基本设计与MiG-29战斗机相似，不过体型远大于后者。Su-27战斗机采用翼身融合体技术，悬臂式中单翼，翼根外有光滑弯曲前伸的边条翼，双垂尾正常式布局，楔形进气道位于翼身融合体的前下方，有很好的气动性能。机身为全金属半硬壳式，机头略向下垂。为了最大化地减轻重量，Su-27战斗机大量采用钛合金，其比例大大高于同时期飞机。

  Su-27战斗机的机动性和敏捷性较好，续航时间长，可以进行超视距作战。不过，Su-27战斗机的机载电子设备和座舱显示设备较为落后，且不具备隐身性能。Su-27战斗机的固定武器为1门30毫米GSh-30-1机炮，备弹150发。10个外部挂架可挂载4430千克导弹，包括R-27、R-73和R-60M等空对空导弹。

▲ Su-27战斗机右侧视角

▼ Su-27战斗机在高空飞行

Su-30
"侧卫" C 战斗机

英文名称：Su-30 Flanker-C
研制国家：俄罗斯
制造厂商：苏霍伊设计局
重要型号：Su-30K/30KI/30KN/30MK
生产数量：630架以上
服役时间：1996年至今
主要用户：俄罗斯空军、印度空军、越南空军、哈萨克斯坦空军

基本参数	
机身长度	21.94米
机身高度	6.36米
翼展	14.7米
空重	17700千克
最大速度	2120千米/小时
最大航程	3000千米

　　Su-30"侧卫"C战斗机是一种多用途重型战斗机，为双引擎双座设计，外形与Su-27战斗机非常相似。Su-30战斗机采用了整体气动布局，即飞机的机身和机翼构成统一的翼型升力体，从而保证了飞机在机动中有较高的气动性能和升力系数。这种从机身到机翼平缓过渡的布局还使飞机内部空间得到最合理的使用，如增加油箱等。Su-30战斗机广泛采用了钛合金，座舱安装了弹射座椅。

　　Su-30战斗机装有1门30毫米GSH-301机炮，带弹150发；12个外挂架，总载弹量8000千克。该机的油箱容量较大，具有长航程的特性，而且还具备空中加油能力。Su-30战斗机具有超低空持续飞行能力、极强的防护能力和出色的隐身性能，在缺乏地面指挥系统信息时仍可独立完成攻击任务，其中包括在敌方纵深执行战斗任务。

▲ Su-30战斗机准备起飞

▼ Su-30战斗机前方视角

Su-34
"后卫"战斗轰炸机

英文名称：	Su-34 Fullback
研制国家：	俄罗斯
制造厂商：	苏霍伊设计局
重要型号：	Su-34
生产数量：	160架以上
服役时间：	2014年至今
主要用户：	俄罗斯空军、阿尔及利亚空军

基本参数	
机身长度	23.34米
机身高度	6.09米
翼展	14.7米
空重	22500千克
最大速度	2000千米/小时
最大航程	4000千米

  Su-34"后卫"战斗轰炸机是一种双引擎重型战斗轰炸机，外形上最大的特征是其扁平的机头，由于采用了并列双座的设计，使得机头增大，为了减小体积而被设计为扁平。Su-34战斗轰炸机采用了许多先进的装备，包括装甲座舱、液晶显示器、新型数据链、新型火控计算机、后视雷达等。为了适应轰炸任务，Su-34战斗轰炸机还在座舱外加装了厚达17毫米的钛合金装甲。

  Su-34战斗轰炸机的固定武器为1门30毫米GSh-30-1机炮，另有多达12个外挂点，可挂载大量导弹、炸弹和各类荚舱，具备多任务能力。此外，Su-34战斗轰炸机还加强了起落架的负载能力，其双轮起落架使其具备在前线野战机场降落的能力，大大增强了作战灵活性。

Su-35
"侧卫" E 战斗机

英文名称:	Su-35 Flanker-E
研制国家:	俄罗斯
制造厂商:	苏霍伊设计局
重要型号:	Su-35/35S/35UB/35BM
生产数量:	160架以上
服役时间:	2008年至今
主要用户:	俄罗斯空军

基本参数	
机身长度	21.9米
机身高度	5.9米
翼展	15.3米
空重	18400千克
最大速度	2390千米/小时
最大航程	4500千米

Su-35"侧卫"E战斗机是一种双引擎单座多用途重型战斗机，是Su-27战斗机的深度改进型。该机的外形整体而言非常简洁，大部分天线、传感器都改为隐藏式。垂直尾翼加大，以得到更好的偏航稳定性能。此外，垂尾及其方向舵的形状也略为改变，在垂尾顶端，由Su-27战斗机的下切改成平直，是Su-35战斗机的重要识别特征。

Su-35战斗机除了用三翼面设计带来绝佳的气动力性能外，还大幅提升航空电子性能。这也导致机身重量增加，必须有其他改良才能避免机动性、加速性、航程的下降。因此，除了以前翼提升操控性外，Su-35战斗机还装备更大推力的发动机，主翼与垂尾内的油箱也相应增大。整体来说，Su-35战斗机在机动性、加速性、结构效益、电子设备性能各方面都全面优于Su-27战斗机，而不像其他改型般有取有舍。

▲ Su-35战斗机在高空飞行

▼ Su-35战斗机起飞

Su-57战斗机

英文名称:	Su-57
研制国家:	俄罗斯
制造厂商:	苏霍伊设计局
重要型号:	Su-57
生产数量:	30架以上
服役时间:	2020年至今
主要用户:	俄罗斯空军、俄罗斯海军

基本参数	
机身长度	20.1米
机身高度	4.6米
翼展	14.1米
空重	18500千克
最大速度	2135千米/小时
最大航程	3500千米

Su-57战斗机是俄罗斯在"未来战术空军战斗复合体"(PAK FA)计划下研制的第五代战斗机。该机大量采用复合材料,其密度约占机身总重量的四分之一,覆盖了机身70%的表面面积,钛合金占Su-57机体重量的四分之三。该机的机鼻雷达罩在前部稍微变平,底边为水平。为降低机身雷达反射截面积及气动阻力,Su-57战斗机的两个内置武器舱以前后配置,置于机身中轴的两个发动机舱之间,长度约5米。

Su-57战斗机采用优异的气动布局,雷达、光学及红外线特征都较小。俄罗斯军方宣称Su-57战斗机拥有隐形性能,并具备超音速巡航的能力,且配备有主动电子扫描雷达及人工智能系统,能满足下一代空战、对地攻击及反舰作战等任务的需要。

▲ Su-57战斗机在高空飞行

▼ Su-57战斗机机背视角

Su-75
"绝杀"战斗机

英文名称：	Su-75 Checkmate
研制国家：	俄罗斯
制造厂商：	苏霍伊航空集团
重要型号：	Su-75
生产数量：	尚未量产
服役时间：	2027年（计划）
主要用户：	俄罗斯空军

基本参数	
机身长度	17.7米
机身高度	4米
翼展	11.8米
最大起飞重量	26000千克
最大速度	2205千米/小时
最大航程	3000千米

Su-75 "绝杀"战斗机是俄罗斯研制的具有隐身能力的单座单发多用途战斗机，预计2027年开始服役。该机的气动布局不走寻常路，采用俄制战斗机少有的下颌式进气道，并且取消了水平尾翼，改为可同时控制战斗机俯仰和偏航的宽大垂直尾翼。

Su-75战斗机的作战半径超过1400千米，战斗载荷达到7400千克。该机拥有一个大型主弹舱，并且在机身两侧布置了侧弹舱。狭窄的侧弹舱仅能部署1枚近程空对空导弹，即便如此，这也开创了历史先河，成为世界上首款配备侧弹舱的中型隐身战斗机。机腹主弹舱能够挂载3枚中程空对空导弹或2枚大型对地/反舰弹药。在不需要隐身战斗的情况下，Su-75战斗机可以在外部挂架上挂载武器。

IL-28
"小猎犬"轰炸机

英文名称：IL-28 Beagle
研制国家：苏联
制造厂商：伊留申设计局
重要型号：IL-28/28U/28R/28T/28N/28P
生产数量：6635架
服役时间：1950～1982年
主要用户：苏联空军、捷克斯洛伐克空军、波兰空军

基本参数	
机身长度	17.65米
机身高度	6.7米
翼展	21.45米
空重	12890千克
最大速度	902千米/小时
最大航程	2180千米

　　IL-28"小猎犬"轰炸机是一种双引擎中型喷气式轰炸机，采用平直上单翼常规气动布局，流线形圆形截面机身，最前部是领航兼投弹员的玻璃机头座舱，稍后的机背上部有一个气泡形飞行员座舱盖，下部是轰炸雷达罩。机身中部内设一个机内炸弹舱。机尾是手动控制的自卫炮塔，里面可坐一名射击员（兼通信员）。

　　IL-28轰炸机可在炸弹舱内携带4枚500千克或12枚250千克炸弹，也能运载小型战术核武器，翼下还有8个挂架，可挂鱼雷、火箭弹或炸弹，翼尖可挂载副油箱。IL-28轰炸机的机头和机尾各装有2门23毫米NR-23机炮，备弹650发。该机的动力装置是两台克里莫夫VK-1A发动机，单台推力为26.5千牛。

Tu-22M
"逆火"轰炸机

英文名称：	Tu-22M Backfire
研制国家：	苏联
制造厂商：	图波列夫设计局
重要型号：	Tu-22M1/22M2/22M3
生产数量：	497架
服役时间：	1972年至今
主要用户：	苏联空军、俄罗斯空军、乌克兰空军

基本参数

机身长度	42.4米
机身高度	11.05米
翼展	34.28米
空重	58000千克
最大速度	2308千米/小时
最大航程	6800千米

　　Tu-22M "逆火"轰炸机是一种超音速战略轰炸机，机身为普通半硬壳结构，机翼前的机身截面为圆形。该机最大的特色在于变后掠翼设计，低单翼外段的后掠角可在20度～55度之间调整，垂尾前方有长长的脊面。在轰炸机尾部设有一个雷达控制的自卫炮塔。起落架为可收放前三点式，主起落架为多轮小车式，可向内收入机腹。

　　Tu-22M轰炸机装有1门23毫米双管机炮，其机载设备较新，包括具有陆上和海上下视能力的远距探测雷达。该机的动力装置为两台并排安装的大推力发动机，其中Tu-22M2型使用的是HK-22涡扇发动机，Tu-22M3型则使用HK-25涡扇发动机。除机炮外，Tu-22M轰炸机还可挂载21000千克的炸弹和导弹。

Tu-95
"熊"轰炸机

英文名称：Tu-95 Bear
研制国家：苏联
制造厂商：图波列夫设计局
重要型号：Tu-95/95M/95K/95N/95U/95V
生产数量：500架以上
服役时间：1956年至今
主要用户：苏联空军、俄罗斯空军、乌克兰空军

基本参数	
机身长度	46.2米
机身高度	12.12米
翼展	50.1米
空重	90000千克
最大速度	920千米/小时
最大航程	15000千米

Tu-95"熊"轰炸机是一种长程战略轰炸机，采用后掠机翼，翼上装4台涡桨发动机，每台发动机驱动两个大直径四叶螺旋桨。机身细长，翼展和展弦比都很大，平尾和垂尾都有较大的后掠角。机身为半硬壳式全金属结构，截面呈圆形。机身前段有透明机头罩、雷达舱、领航员舱和驾驶舱。后期改进型号取消了透明机头罩，改为安装大型火控雷达。起落架为前三点式，前起落架有两个机轮，并列安装。

Tu-95轰炸机的动力装置为4台NK-12涡轮螺旋桨发动机，单台功率为11000千瓦。机载武器方面，Tu-95轰炸机在机尾装有1门或2门23毫米Am-23机炮，并能携挂15000千克的炸弹和导弹，包括可使用20万吨当量核弹头的Kh-55亚音速远程巡航导弹。

Tu-160
"海盗旗"轰炸机

英文名称：	Tu-160 Blackjack
研制国家：	苏联
制造厂商：	图波列夫设计局
重要型号：	Tu-160/160S/160V/160M
生产数量：	40架以上
服役时间：	1987年至今
主要用户：	苏联空军、俄罗斯空军

基本参数	
机身长度	54.10米
机身高度	13.1米
翼展	55.70米
空重	118000千克
最大速度	2000千米/小时
最大航程	12300千米

  Tu-160"海盗旗"轰炸机是一种长程战略轰炸机，与美国B-1轰炸机相比，Tu-160轰炸机要大将近35%。该机可变后掠翼在内收时呈20度，全展开时呈65度。襟翼后缘加上了双重稳流翼，可以减少翼面上表面与空气接触的面积，降低阻力。除了可变后掠翼之外，还具备可变式涵道，以适应高空高速下的进气方式。由于体积庞大，Tu-160轰炸机驾驶舱后方的成员休息区中甚至还设有一个厨房。

  Tu-160轰炸机没有安装固定武器，弹舱内可载自由落体炸弹、短距攻击导弹或巡航导弹等武器。该机的作战方式以高空亚音速巡航、低空高亚音速或高空超音速突防为主。在高空时，可发射具有火力圈外攻击能力的巡航导弹。进行防空压制时，可发射短距攻击导弹。另外，该机还可低空突防，用核炸弹或导弹攻击重要目标。

▲ 仰视Tu-160轰炸机

▼ Tu-160轰炸机起飞

A-50
"支柱"预警机

英文名称：A-50 Mainstay
研制国家：苏联
制造厂商：别里耶夫设计局
重要型号：A-50M/50U/50I
生产数量：40架以上
服役时间：1984年至今
主要用户：苏联空军、俄罗斯空军、印度空军

基本参数	
机身长度	49.59米
机身高度	14.76米
翼展	50.5米
空重	75000千克
最大速度	900千米/小时
最大航程	6400千米

  A-50"支柱"预警机是以IL-76运输机为基础改进而来的预警机，主要在后者的基础上加装了有下视能力的空中预警雷达，并加长了前机身，其最明显的特点是在机翼后的机身背部装有直径9米的雷达天线罩。由于机内设备重而大，该机的油箱不能完全注满燃油，以防起降时飞机超载。

  A-50初期型装备的"野蜂"雷达为高重复频率脉冲多普勒雷达，采用了S波段的发射机，发射功率20千瓦。后期的A-50U装备了"熊蜂"M新型雷达系统，可对敌方电子反制武器进行确定与跟踪，原来存在的强烈噪声和高频行踪问题也有所克服。另外还采用较低的垂直尾翼，提高了飞行稳定性。A-50U还加强了目标识别、处理速度、无线通信、精确导航等功能，探测目标距离和跟踪目标数量均有所增加。

PAK DA
轰炸机

英文名称：PAK DA	
研制国家：俄罗斯	
制造厂商：图波列夫公司	
重要型号：PAK DA	
生产数量：尚未量产	
服役时间：2027年（计划）	
主要用户：俄罗斯空军	

基本参数	
机身长度	未公开
机身高度	未公开
翼展	未公开
最大起飞重量	12500千克
最大速度	2450千米/小时
最大航程	15000千米

  PAK DA轰炸机是俄罗斯研制的一款隐身战略轰炸机，计划于2027年左右正式服役。该机型将具备执行战略打击任务和战术打击任务的双重能力，既可以携带装备核弹头的战略巡航导弹对目标实施核打击，也可使用常规精确制导武器对地面目标进行"点穴式"打击。据称，PAK DA轰炸机的最大起飞重量约为125吨，并具备超音速巡航能力。

  PAK DA轰炸机将通过采用先进材料与其他技术实现一定程度的隐身性能，而非全向、多频段隐身。据猜测，俄罗斯可能会在PAK DA轰炸机上应用等离子体隐身技术。该技术可在不改变飞机气动外形的前提下，有效吸收和散射雷达波，从而将飞机被雷达发现的概率降低99%。

第3章 苏联/俄罗斯军用飞机

IL-78
"大富翁"空中加油机

英文名称:	IL-78 Midas
研制国家:	苏联
制造厂商:	伊留申设计局
重要型号:	Il-78/78T/78M/78ME/78MP
生产数量:	53架
服役时间:	1984年至今
主要用户:	苏联空军、俄罗斯空军、乌克兰空军、印度空军

基本参数	
机身长度	46.59米
机身高度	14.76米
翼展	50.5米
空重	72000千克
最大速度	850千米/小时
最大航程	7300千米

　　IL-78"大富翁"空中加油机是以IL-76运输机为基础改装而来的空中加油机,在两翼和机尾各装有一具UPAZ-1加油荚舱。由于采用了三点式空中加油系统,IL-78空中加油机可以同时为3架飞机加油。该机可以运载用于空中加油的油料为105吨,最大空中加油能力为1.3吨/分钟。后期改进型IL-78M的输油软管的拖出长度要大一些,进行空中加油时的安全性也相对较高。

　　IL-78加油机主要用于给予前线及远程战斗飞机及军用运输机进行空中加油,还可以向飞机场紧急运送燃油。该机的货舱内保留了货物处理设备,因此只要拆除货舱油箱,即可担任一般运输或空投任务。IL-78加油机的机尾没有武装,炮手位置由加油控制员取代。

IL-76
"耿直"运输机

英文名称:	IL-76 Candid
研制国家:	苏联
制造厂商:	伊留申设计局
重要型号:	Il-76/76D/76K/76M/76MF
生产数量:	970架以上
服役时间:	1974年至今
主要用户:	苏联空军、俄罗斯空军、乌克兰空军、印度空军

基本参数

机身长度	46.59米
机身高度	14.76米
翼展	50.5米
空重	92500千克
最大速度	900千米/小时
最大航程	4300千米

IL-76"耿直"运输机是一种四引擎中远程运输机,机身为全金属半硬壳结构,截面基本呈圆形。机头呈尖锥形,机舱后部装有两扇蚌式大型舱门,货舱内有内置的大型伸缩装卸跳板。机头最前部为安装有大量观察窗的领航舱,其下为圆形雷达天线罩。该机采用悬臂式上单翼,不阻碍机舱空间。

IL-76运输机在设计上十分重视满足军事要求,翼载荷低,展弦比大,有完善的增升装置,并装有起飞助推器,起落架支柱短粗、结实,采用多机轮和胎压调节装置。方便有效的随机装卸系统,全天候飞行设备,空勤人员配备齐全等,使飞机不依赖基地的维护支援,可以独立在野外执行任务。据统计,IL-76运输机的每吨每千米使用成本(每吨货物每运行一千米的成本)比An-12运输机低40%以上。

第 3 章 苏联/俄罗斯军用飞机

IL-112
运输机

英文名称:	IL-112
研制国家:	俄罗斯
制造厂商:	伊留申航空集团
重要型号:	IL-112
生产数量:	尚未量产
服役时间:	尚未服役
主要用户:	俄罗斯空军

基本参数	
机身长度	24.15米
机身高度	8.89米
翼展	27.6米
空重	6000千克
巡航速度	450千米/小时
最大航程	2400千米

　　IL-112运输机于2019年3月成功完成首飞，服役后将取代俄罗斯空军现役的An-26轻型运输机。IL-112运输机装备了由俄罗斯联合发动机公司研制的TV7-117ST发动机，该发动机也应用于民用运输机IL-114。两款飞机共用许多零部件，从而有效降低了成本。

　　俄罗斯空军要求IL-112运输机具备短距起降能力，能够在野战机场执行运输任务，并在面对地对空导弹威胁时配合特种部队作战。为此，该机装备了"维捷布斯克"自卫防御系统。该系统具备雷达照射告警、导弹来袭告警功能，可自动释放干扰弹，并具备激光干扰和多频谱电子干扰能力，整个过程无需飞行员干预。根据设计要求，与An-26运输机相比，IL-112运输机的货舱容量更大，能够运输更多种类的货物。除军用物资外，该机还可使用标准航空集装箱运载货物。

An-12
"幼狐"运输机

英文名称：An-12 Cub
研制国家：苏联
制造厂商：安东诺夫设计局
重要型号：An-12BP/12/12/12/
生产数量：1248架
服役时间：1959年至今
主要用户：苏联空军、俄罗斯空军、白俄罗斯空军、波兰空军

基本参数	
机身长度	33.1米
机身高度	10.53米
翼展	38米
空重	28000千克
最大速度	777千米/小时
最大航程	5700千米

　　An-12"幼狐"运输机是一种四引擎运输机，由An-10客机发展而来，但重新设计了后机身和机尾。该机有多种型别，其中An-12BP是标准军用型；An-12客货混合型，主要用于民航运输；An-12电子情报搜集机，机身下两侧增加4个泡形雷达整流罩；An-12电子对抗型，机头和垂尾内增加了电子设备舱；An-12北极运输型，主要适用于北极雪地和高寒地带，机身下装有雪上滑橇，载重性能与标准型一样。

　　An-12系列的动力装置为4台伊夫钦科AI-20涡轮螺旋桨发动机，单台功率为3000千瓦。该机曾是苏联运输航空兵的主力，从1974年起逐渐被IL-76运输机取代。服役期间，An-12运输机曾参与了苏军的历次重大战斗行动，包括阿富汗战争。

An-124
"秃鹰"运输机

英文名称:	An-124 Condor
研制国家:	苏联
制造厂商:	安东诺夫设计局
重要型号:	An-124/124-100/124-130
生产数量:	55架
服役时间:	1986年至今
主要用户:	苏联空军、俄罗斯空军

基本参数	
机身长度	68.96米
机身高度	20.78米
翼展	73.3米
空重	175000千克
最大速度	865千米/小时
最大航程	5200千米

An-124"秃鹰"运输机是一种四引擎远程运输机。其机腹贴近地面，机头、机尾均设有全尺寸货舱门，分别向上和向左右打开，货物能从贯穿货舱中自由出入。该机的货舱分为上下两层。上层舱室较狭小，除6名机组人员和1名货物装卸员外，还可载88名乘客。下层主货舱容积为1013.76立方米，载重可达150吨。货舱顶部装有2个起重能力为10吨的吊车，地板上还另外有2部牵引力为3吨的绞盘车。

An-124运输机的动力装置为4台普罗格雷斯D-18T涡扇发动机，单台推力为229.5千牛。1985年，An-124运输机创下了载重171219千克物资，飞行高度10750米的世界纪录，打破了由美国C-5运输机创造的原世界纪录。此外，An-124运输机还拥有其他多项世界纪录。

An-225
"哥萨克"运输机

英文名称：	An-225 Cossack
研制国家：	苏联
制造厂商：	安东诺夫设计局
重要型号：	An-225
生产数量：	1架
服役时间：	1989~2022年
主要用户：	苏联空军、安东诺夫航空公司

基本参数	
机身长度	84米
机身高度	18.1米
翼展	88.4米
空重	285000千克
最大速度	850千米/小时
最大航程	15400千米

  An-225 "哥萨克"运输机是一种六引擎重型运输机，目前仍是全世界最大的运输机与飞机。该机最初是为了作为运输火箭用途而设计，货舱形状非常平整，整个货舱全长43.51米，最大宽度6.68米，货舱底板宽度6.40米，最大高度4.39米。为了方便巨大货物进出，An-225运输机与大部分大型货机一样，采用可以向上打开的"掀罩"机头，并把驾驶舱设在主甲板上方的二楼处。

  An-225运输机的货舱内可装载16个集装箱、大型航空航天器部件和其他成套设备，如天然气、石油、采矿、能源等行业的大型成套设备和部件。机身背部能负载超长尺寸的货物，如直径7~10米、长20米的精馏塔、俄罗斯的"能源"号航天器运载火箭和"暴风雪"号航天飞机。

Mi-24
"雌鹿"武装直升机

英文名称：	Mi-24 Hind
研制国家：	苏联
制造厂商：	米里设计局
重要型号：	Mi-24/24A/24B/24D/24F/24U
生产数量：	2600架以上
服役时间：	1972年至今
主要用户：	苏联空军、俄罗斯空军、越南空军、印度空军、捷克空军

基本参数

机身长度	17.5米
机身高度	6.5米
旋翼直径	17.3米
空重	8500千克
最大速度	335千米/小时
最大航程	450千米

　　Mi-24"雌鹿"武装直升机是苏联第一代专用武装直升机，机身为全金属半硬壳式结构，驾驶舱为纵列式布局。前座为射手，后座为驾驶员。后座比前座高，驾驶员视野较好。座舱盖为铰接式，向右打开。驾驶舱前部为平直防弹风挡玻璃，重要部位装有防护装甲。主舱设有8个可折叠座椅，或4个长椅，可容纳8名全副武装的士兵。主舱两侧各有一个铰接舱门，水平分开成两部分，可分别向上和向下打开。舱内备有加温和通风装置。

　　Mi-24直升机的主要武器为一挺12.7毫米加特林四管机枪。该机有4个武器挂载点，可挂载4枚AT-2"蝇拍"反坦克导弹，或128枚57毫米火箭弹（4具UV-32-57火箭发射器）。此外，还可挂载1500千克化学或常规炸弹以及其他武器。Mi-24直升机的机身装甲很强，可以抵抗12.7毫米子弹攻击。

▲ Mi-24直升机施放烟雾弹

▼ Mi-24直升机在低空飞行

Mi-26
"光环"运输直升机

英文名称:	Mi-26 Halo
研制国家:	苏联
制造厂商:	米里设计局
重要型号:	Mi-26A/26M/26P/26S/26T
生产数量:	316架
服役时间:	1983年至今
主要用户:	苏联空军、俄罗斯空军、乌克兰空军、印度空军

基本参数	
机身长度	40.03米
机身高度	8.15米
旋翼直径	32米
空重	28200千克
最大速度	295千米/小时
最大航程	1920千米

  Mi-26"光环"运输直升机是一种双引擎重型运输直升机,采用传统的全金属铆接的半硬壳式吊舱尾梁结构。蛤壳式后舱门,备有折叠式装卸跳板。为了防火,发动机舱用钛合金制成。机身下部为不可收放前三点轮式起落架,每个起落架有两个轮胎,前轮可操纵转向,主起落架的高度还可作液压调节。

  Mi-26直升机的重量只比Mi-6直升机略重一点,却能吊运20吨的货物。该机货舱空间巨大,如用于人员运输可容纳80名全副武装的士兵或60张担架床及4~5名医护人员。货舱顶部装有导轨并配有两个电动绞车,起吊质量为5吨。Mi-26直升机具备全天候飞行能力,往往需要远离基地到完全没有地勤和导航保障条件的地区独立作业。

Mi-28
"浩劫"武装直升机

英文名称:	Mi-28 Havoc
研制国家:	苏联
制造厂商:	米里设计局
重要型号:	Mi-28A/28N/28D/28UB
生产数量:	120架以上
服役时间:	1996年至今
主要用户:	俄罗斯空军、委内瑞拉空军、肯尼亚空军、伊拉克陆军

基本参数	
机身长度	17.01米
机身高度	3.82米
旋翼直径	17.20米
空重	8100千克
最大速度	325千米/小时
最大航程	1100千米

Mi-28"浩劫"直升机是一种单旋翼带尾桨全天候专用武装直升机。其机身为全金属半硬壳式结构,驾驶舱为纵列式布局,四周配有完备的钛合金装甲,并装有无闪烁、透明度好的平板防弹玻璃。前驾驶舱为领航员/射手,后面为驾驶员。座椅可调高低,能吸收撞击能量。起落架为不可收放的后三点式。该机的旋翼系统采用半刚性铰接式结构,大弯度的高升力翼型,前缘后掠,每片后缘都有全翼展调整片。

Mi-28直升机的主要武器为1门30毫米2A42机炮,备弹250发。该机有4个武器挂载点,可挂载16枚AT-6反坦克导弹,或40枚火箭弹(两个火箭巢)。此外,还可以挂载AS-14反坦克导弹、R-73空对空导弹、炸弹荚舱、机炮荚舱。

▲ Mi-28直升机在高空飞行

▼ 停机坪中的Mi-28直升机

Mi-35
"雌鹿" E 武装直升机

英文名称:	Mi-35 Hind-E
研制国家:	俄罗斯
制造厂商:	米里设计局
重要型号:	Mi-35/35M
生产数量:	20架以上
服役时间:	2004年至今
主要用户:	俄罗斯空军

基本参数	
机身长度	18.8米
机身高度	6.5米
旋翼直径	17.1米
空重	8200千克
最大速度	330千米/小时
最大航程	500千米

  Mi-35 "雌鹿" E直升机是一种中型通用直升机。其驾驶座舱采用经典的串列布局，并受防弹玻璃保护，油箱采用防渗漏技术，战场生存能力十分突出。该机采用5片矩形桨叶旋翼，垂尾式的尾斜梁，尾桨为3片桨叶，起落架为前三点式可收放轮式。Mi-35直升机的突出特点是有一个可容纳8名人员的货舱，最大起飞重量超出Mi-8直升机武装型的1倍。

  Mi-35直升机的机头装有可旋转的4管12.7毫米机枪塔，其射速高达1分钟4500发，能有效杀伤地面人员和轻装甲目标。短翼挂装串联装药的AT-9型反坦克导弹破甲厚度达800毫米，可轻易击穿反应装甲。此外，Mi-35直升机还可挂装火箭发射巢和自动榴弹发射器等装备。

Ka-50
"黑鲨"武装直升机

英文名称：Ka-50
研制国家：苏联
制造厂商：卡莫夫设计局
重要型号：Ka-50/50N/50Sh
生产数量：30架以上
服役时间：1995年至今
主要用户：
俄罗斯陆军航空兵、俄罗斯海军

基本参数	
机身长度	13.5米
机身高度	5.4米
旋翼直径	14.5米
空重	7800千克
最大速度	350千米/小时
最大航程	1160千米

  Ka-50"黑鲨"直升机是一种单座武装直升机。其机身为半硬壳式金属结构，采用单座舱设计。座舱位于机身前端，座舱内装有MiG-29战斗机的头盔显示器及其他仪表，包括飞行员头盔上的瞄准系统。另外，在仪表板中央装设了低光度电视屏幕，它可以配合夜视装备使Ka-50直升机具有夜间飞行能力。

  Ka-50直升机是世界上第一架采用同轴反向旋翼的武装直升机。两具同轴反向旋翼装在机身中部，每具三叶旋翼，各旋翼的旋转作用力相互抵消，因此不需要尾桨，尾部也不需要再配置复杂的传统系统，整机的重量大大减轻。该机的主要武器为1门30毫米2A42机炮，另有4个武器挂载点，可挂载16枚AT-9反坦克导弹或80枚80毫米S8型空对地火箭。

Ka-52
"短吻鳄"武装直升机

英文名称：	Ka-52 Alligator
研制国家：	俄罗斯
制造厂商：	卡莫夫设计局
重要型号：	Ka-52/52K
生产数量：	190架以上
服役时间：	2011年至今
主要用户：	
俄罗斯陆军航空兵、埃及空军	

基本参数	
机身长度	15.96米
机身高度	4.93米
旋翼直径	14.43米
空重	8300千克
最大速度	310千米/小时
最大航程	1100千米

  Ka-52"短吻鳄"直升机是在Ka-50基础上改进而来的武装直升机，最显著的特点是采用并列双座布局的驾驶舱，而非传统的串列双座。这种设计是根据现代武装直升机的驾驶需要和所担负的战斗任务而设计开发的。并列双座的优点是两人可共用某些仪表、设备，从而简化了仪器操作工作，使驾驶员能集中精力跟踪目标，最大限度缩短做出决定的时间。Ka-52直升机能在昼夜和各种气象条件下完成超低空突击任务。

  Ka-52直升机装有1门不可移动的23毫米机炮，短翼下的4个武器挂架可挂载12枚超音速反坦克导弹，也可安装4个火箭发射巢。为消灭远距离目标，Ka-52直升机还可挂X-25MJI空对地导弹或P-73空对空导弹等。该机的动力装置为两台TB3-117 BMA涡轴发动机，单台功率为1618千瓦。

Ka-60
"逆戟鲸"通用直升机

英文名称：	Ka-60 Kasatka
研制国家：	俄罗斯
制造厂商：	卡莫夫设计局
重要型号：	Ka-60/60U/60K/60R
生产数量：	110架以上（计划）
首飞时间：	1998年
主要用户：	俄罗斯空军

基本参数	
机身长度	15.6米
机身高度	4.6米
旋翼直径	13.5米
空重	6500千克
最大速度	300千米/小时
最大航程	615千米

Ka-60"逆戟鲸"直升机是一种双引擎多用途直升机。它放弃了卡莫夫设计局传统的共轴反转旋翼布局，总体布局为4片桨叶旋翼和涵道式尾桨布局，可收放式三点吸能起落架。该机有完美的空气动力外形，每侧机身都开有大号舱门，尾桨有11片桨叶。座舱内的座椅具有吸收撞击能量的能力。

Ka-60直升机可以负担攻击、巡逻、搜索、救援行动、医疗后送、训练、伞兵空投和空中侦察等多种任务，其座舱可搭载12～14名乘客，要人专机布局时安装5个座椅。该机早期型号的动力装置为两台诺维科夫设计局TVD-1500涡轮轴发动机，单台功率为970千瓦。后期的Ka-60R改装两台劳斯莱斯RTM322涡轴发动机，单台功率为1395千瓦。

S-70
"猎人"B无人机

英文名称：	S-70 Hunter B
研制国家：	俄罗斯
制造厂商：	苏霍伊航空集团
重要型号：	S-70
生产数量：	尚未量产
服役时间：	尚未服役
主要用户：	俄罗斯空军

基本参数	
机身长度	13.6米
机身高度	2.8米
翼展	17.6米
空重	20000千克
最大速度	1000千米/小时
最大航程	6000千米

　　S-70"猎人"B无人机是一种隐身重型无人机，属于第五代战斗机，拥有与第六代战斗机相同的许多特点。S-70无人机在设计上充分考虑了隐身需求，采用了无尾飞翼式布局，去除了垂直尾翼和水平尾翼，从而在各个方向上都提供了较好的隐身效果。

　　S-70无人机的内置弹舱能够携带高达2.8吨的武器，包括多种制导和非制导炸弹、空对地导弹、空对空导弹以及小型化的超高音速导弹等。该无人机采用了先进的全自动化系统，使其能够独立完成复杂的任务。它不依赖于传统的人工遥控，而是利用机载人工智能系统实时解析并适应动态变化的战场环境，执行精确的任务规划。这种高级自动化能力还意味着S-70无人机能够在没有信号链路的情况下操作，这极大降低了通信干扰或遭受黑客攻击的风险。

Military
Aircraft 第4章

英国军用飞机

英国的航空工业在二战之前一直领先于世界，二战后因各种政治和经济原因开始逐步衰退，但仍具有一定的研发和制造水平。目前，英国军队仍是世界上综合实力较强的军队之一，各个军种都配备了各式性能先进的军用飞机。

"喷火"战斗机

英文名称：	Spitfire
研制国家：	英国
制造厂商：	超级马林公司
重要型号：	Mk 1/2/3/4/5/6/7/8/9/10/11
生产数量：	20351架
服役时间：	1938～1961年
主要用户：	英国空军、加拿大空军、美国陆军航空队

基本参数	
机身长度	9.12米
机身高度	3.86米
翼展	11.23米
空重	2297千克
最大速度	595千米/小时
最大航程	1827千米

　　"喷火"战斗机是英国第一种成功采用全金属承力蒙皮的作战飞机。飞机的全部固定武器、主起落架和冷却器等都装在机翼内，单座座舱视野良好。该斗机采用了大功率活塞式发动机和良好的气动外形，机头为半纺锤形，有别于当时大多数飞机的粗大机头，整流效果好，阻力小。发动机安装在支撑架后的防火承力壁上，背后是半硬壳结构的中后部机身。机翼采用椭圆平面形状的悬臂式下单翼，虽制造工艺复杂，费工费时，但气动特性好，升阻比大。

　　"喷火"战斗机的综合飞行性能在二战时始终居世界一流水平，与同期德国主力机种Bf 109战斗机相比各有千秋，水平机动性及火力方面略胜一筹。从1936年第一架原型机试飞开始，"喷火"战斗机不断改良，不仅担负英国维持制空权的重任，还转战欧洲、北非与亚洲等战区。

"海怒"战斗机

英文名称:	Sea Fury
研制国家:	英国
制造厂商:	霍克飞机公司
重要型号:	F10、FB11、T20、F50、FB51
生产数量:	864架
服役时间:	1945～1968年
主要用户:	英国海军、澳大利亚海军、加拿大海军、巴基斯坦空军

基本参数	
机身长度	10.6米
机身高度	4.9米
翼展	11.7米
空重	4191千克
最大速度	740千米/小时
最大航程	1126千米

　　"海怒"战斗机是一种舰载螺旋桨战斗机,也是英国海军最后服役的螺旋桨飞机。该机的许多设计与霍克"暴风"战斗机相似,但"海怒"战斗机是一种相当轻巧的飞机,其机翼和机身起源于"暴风"战斗机,但均有显著修改和重新设计。

　　"海怒"战斗机配备了功率强大的布里斯托公司生产的"人马座"发动机,机翼的横切面是层流翼,两翼共配备4门西斯潘诺机炮,主起落架外侧的翼下挂架可以挂载2枚227千克或455千克炸弹,或12枚火箭,或4枚82千克火箭弹。"海怒"战斗机与同时期美国海军F8F"熊猫"战斗机的性能相近,在机动性和爬升率上不及后者,精确武器投送和仪表飞行能力却胜出一筹。

"吸血鬼"战斗机

英文名称：Vampire
研制国家：英国
制造厂商：德·哈维兰公司
重要型号：Mk 1、F3、FB5/6/9/50、T11/55
生产数量：3268架
服役时间：1945～1979年
主要用户：英国空军、加拿大空军

基本参数	
机身长度	9.37米
机身高度	2.69米
翼展	11.58米
空重	3304千克
最大速度	882千米/小时
最大航程	1960千米

"吸血鬼"战斗机是一种喷气式战斗机，是英国继"流星"战斗机之后第二种进入实用阶段的喷气式战斗机。该机采用气泡形座舱、平直机翼、双尾翼双尾撑，驾驶舱和发动机都安装在中央短舱，发动机进气口与进气道开在左右机翼根部夹层内，前三点起落架可完全收入机内。这种外形设计是为了使喷气管尽可能短，使得推力的损失减到最小。

"吸血鬼"战斗机安装了一台德·哈维兰公司生产的"小妖精"喷气式发动机，机头下安装了4门20毫米西斯潘诺Mk Ⅴ机炮，翼下两个挂架最大可挂载907千克火箭弹或炸弹。"吸血鬼"战斗机有多种衍生型号，可用作战斗轰炸机和夜间战斗机，后者带有双人座舱和截击雷达。此外，英国空军还将夜间战斗机改装为教练机。

"毒液"战斗机

英文名称：Venom
研制国家：英国
制造厂商：德·哈维兰公司
重要型号：FB1/4/50/54、NF2/3/51
生产数量：1431架
服役时间：1952～1983年
主要用户：英国空军、瑞典空军、瑞士空军、委内瑞拉空军、意大利空军

基本参数	
机身长度	9.7米
机身高度	1.88米
翼展	12.7米
空重	4173千克
最大速度	1030千米/小时
最大航程	1730千米

"毒液"战斗机是一种单引擎喷气式战斗机，作为"吸血鬼"战斗机的后继机，"毒液"战斗机继承了前者的气动布局，两者侧面轮廓几乎一样。事实上，"毒液"战斗机采用比"吸血鬼"战斗机更薄的机翼和推力更大的"幽灵"104涡喷发动机，其机翼在四分之一弦长处略微后掠，并装有翼尖油箱，油箱末端有一小片稳定翼，油箱前段内侧还有小边条。

"毒液"战斗机的机鼻中安装有4门20毫米西斯潘诺Mk Ⅴ机炮，翼下两个挂架最大可挂载900千克外挂物，典型的挂载方案为2枚450千克炸弹或8枚RP火箭弹，或2个副油箱。"毒液"战斗机同样具备"吸血鬼"战斗机的敏捷性和良好的操控性，平飞速度有所提高，爬升率大幅改善。

"海鹰"战斗机

英文名称：	Sea Hawk
研制国家：	英国
制造厂商：	霍克飞机公司
重要型号：	F1/2、FB3/5、FGA4/6、Mk 100
生产数量：	542架
服役时间：	1953～1983年
主要用户：	英国海军、荷兰海军、印度海军、德国海军

基本参数	
机身长度	12.09米
机身高度	2.64米
翼展	11.89米
空重	4208千克
最大速度	965千米/小时
最大航程	770千米

　　"海鹰"战斗机是一种舰载喷气式战斗机，其设计相当简洁，融汇了数项富有独创性的工程技术。该机是在霍克"狂怒"螺旋桨战斗机的基础上改进而来，配备了劳斯莱斯公司研发的"尼恩"103轴流式涡轮喷气发动机。"海鹰"战斗机的固定武器是4门20毫米西斯潘诺Mk V机炮，并有6个挂架用于挂载火箭弹、炸弹、水雷和副油箱等。

　　"海鹰"战斗机原本准备提供给英国空军使用，但由于二战即将结束，加上已有其他喷气式战斗机正在研制，所以英国空军并不感兴趣。于是，霍克飞机公司只能匆忙将设计方案改成舰载战斗机，最终被英国海军接受。而霍克飞机公司在按舰载机的要求继续完善设计的同时，仍在考虑如何重新引起英国空军的兴趣，这一努力最终造就了大获成功的霍克"猎人"战斗机。

"猎人"战斗机

英文名称：Hunter
研制国家：英国
制造厂商：霍克飞机公司
重要型号：F4/6/51、T7/8M
生产数量：1972架
服役时间：1954～2014年
主要用户：英国空军、瑞典空军、瑞士空军、印度空军

基本参数	
机身长度	14米
机身高度	4.01米
翼展	10.26米
空重	6405千克
最大速度	1150千米/小时
最大航程	3060千米

　　"猎人"战斗机是一种单引擎亚音速喷气式战斗机，有单座和双座机型，只安装了简单的测距雷达。早期型号使用副翼作为气动刹车会引发严重的机首朝下的高速陡直俯冲，于是在机身下侧安装了一种简单的铰链制动器。"猎人"战斗机的动力装置为一台劳斯莱斯"埃汶"207涡喷发动机，动力较为强劲。

　　"猎人"战斗机不具备全天候作战能力，但可兼作对地攻击机使用。该机的武器装备为4门30毫米阿登机炮，另有4个挂架，最大挂弹量为1816千克。"猎人"战斗机的飞行性能优异，英国空军甚至为此成立了正式的飞行表演队。1956年，英国空军成立了第一个正式飞行表演队，最初全部采用"猎人"战斗机，并创下了22架编队飞行的世界纪录。

"标枪"战斗机

英文名称：	Javelin
研制国家：	英国
制造厂商：	格罗斯特飞机公司
重要型号：	FAW1/2/4/5/6/7/8/9/9R
生产数量：	436架
服役时间：	1956～1968年
主要用户：	英国空军

基本参数	
机身长度	17.15米
机身高度	4.88米
翼展	15.85米
空重	10886千克
最大速度	1140千米/小时
最大航程	1530千米

　　"标枪"战斗机是一种双引擎亚音速战斗机，它是英国研制的第一种三角翼战斗机，也是世界上最早使用三角翼的实用战斗机。该机采用中单三角翼、T形尾翼、机身两侧进气布局，座舱为串列双座。三角翼采用双梁结构，应力蒙皮，通过铆接与机身相连。全机以铝合金结构为主，也有少量的钢制部件。"标枪"战斗机的机身设计非常坚固，在静力试验中加载达到118%才宣告损坏。

　　"标枪"战斗机主要依靠截击雷达和空对空导弹作战，可携带4枚"火光"短程空对空导弹。此外，该机还装有4门30毫米机炮。"标枪"战斗机的动力装置为两台阿姆斯特朗·西德利"蓝宝石"7R涡轮喷气发动机，推力极为强劲。该机的起落架为液压驱动前三点式，均为单轮，并装有液压减振装置。

第 4 章 英国军用飞机

"弯刀"战斗机

英文名称：	Scimitar
研制国家：	英国
制造厂商：	超级马林公司
重要型号：	F1
生产数量：	76架
服役时间：	1957～1969年
主要用户：	英国海军

Military Aircraft

基本参数	
机身长度	16.84米
机身高度	5.28米
翼展	11.33米
空重	10869千克
最大速度	1185千米/小时
最大航程	2289千米

"弯刀"战斗机是一种双引擎舰载喷气式战斗机。它采用中单翼设计，机翼在四分之一弦线处的后掠角度是45度，机翼可以向上折叠，以节省在航空母舰上的储存与操作空间。机翼前端是同样长度的前缘襟翼，为了降低降落速度与保持良好的低速控制，还进一步使用"边界层控制"技术。该机的发动机位于机身两侧，有各自的进气口和进气道负责提供稳定的气流。

"弯刀"战斗机的固定武器为4门30毫米机炮，安装在两边进气口的下方，每门备弹160发。射击后的弹壳会送回机身内部储存，以免在抛出的过程中损伤机身结构。该机还可在机翼下的4个挂架挂载各种弹药或副油箱。

"海雌狐"战斗机

基本参数	
机身长度	16.94米
机身高度	3.28米
翼展	15.54米
空重	12680千克
最大速度	1110千米/小时
最大航程	1270千米

- 英文名称：Sea Vixen
- 研制国家：英国
- 制造厂商：德·哈维兰公司
- 重要型号：FAW1/2、TT2
- 生产数量：145架
- 服役时间：1959~1972年
- 主要用户：英国海军

　　"海雌狐"战斗机是一种双引擎舰载喷气式战斗机，也是英国海军航空兵第一种后掠翼、具有完整武器系统、以导弹为主要武器的舰载战斗机。该机沿袭了德·哈维兰公司自"吸血鬼"战斗机以来的双尾梁布局，主要目的是尽量缩短发动机进气道和喷气管长度，以减少气流在这些部位的能量损失。同时，也可以使两台发动机靠得较近，单发动机飞行时不会有太大的推力不对称，两头固定的尾翼也不容易在高速飞行时发生震颤。

　　"海雌狐"战斗机没有安装固定武器，其机翼挂架最多可携带4枚"火光"短程空对空导弹，或者907千克炸弹（包括"红胡子"自由落体核弹），机头下还有4具火箭弹发射装置，内部有18枚68毫米空对空火箭弹。

"蚊蚋"战斗机

英文名称：	Gnat
研制国家：	英国
制造厂商：	弗兰德飞机公司
重要型号：	F1/2/4/5、T1
生产数量：	449架
服役时间：	1959~1979年
主要用户：	英国空军、印度空军、芬兰空军

Military Aircraft

基本参数

机身长度	8.74米
机身高度	2.46米
翼展	6.73米
空重	2175千克
最大速度	1120千米/小时
最大航程	800千米

"蚊蚋"战斗机是一种单引擎单座轻型战斗机。其高单翼后掠40度，机翼较厚，具有5度下反角。半硬壳构造的机身头部呈锥形，两侧突出部从发动机进气口一直流畅地延伸到机尾，整体式透明座舱盖向后上方打开，风挡平面玻璃固定在机身上。起落架的双前轮收在座舱下面，主轮收在机身两侧。

"蚊蚋"战斗机装有2门30毫米阿登机炮，可外挂2枚227千克炸弹或36枚火箭弹。该机一反当时追求更快、更高的潮流，而是追求操作灵活、容易整备。由于高推重比和低翼载，加上助力操纵装置的"蚊蚋"战斗机具有相当好的机动性和操纵性，爬升到13500米不到4分钟。但追求简易性的独特设计也存在一些缺点，如液压助力操纵系统常出故障。

"闪电"战斗机

英文名称：	Lightning
研制国家：	英国
制造厂商：	英国电气公司
重要型号：	F1/1A/2/2A/3/3A/6/7/52/53/54/55
生产数量：	337架
服役时间：	1959～1988年
主要用户：	英国空军、沙特阿拉伯空军、科威特空军

基本参数	
机身长度	16.8米
机身高度	5.97米
翼展	10.6米
空重	14092千克
最大速度	2100千米/小时
最大航程	1370千米

　　"闪电"战斗机是一种双引擎单座喷气式战斗机，其最大的设计特点是后机身内的两台"埃汶"发动机别出心裁地上下重叠安装。该机采用机头进气，其机翼设计也很独特：前缘后掠60度，并带有缺口（作为涡流发生器），后缘沿着飞机纵轴互为垂直的方向切平。该机的副油箱或导弹被高高地"驮"在机翼上表面的挂架之上，投出时需要采用弹射方式。

　　"闪电"战斗机装有2门30毫米阿登机炮，2个机身挂架可挂载2枚"火光"导弹或"红头"导弹，2个机翼挂架也可挂载导弹或副油箱。在英军与美军的联合演习中，"闪电"战斗机多次成功拦截在高空飞行的U-2侦察机。

"鹞"式战斗机

英文名称：	Harrier
研制国家：	英国
制造厂商：	霍克飞机公司
重要型号：	GR1/3、AV-8A/C/S
生产数量：	278架
服役时间：	1969～2006年
主要用户：	英国空军、英国海军、美国海军陆战队、泰国海军、西班牙海军

基本参数	
机身长度	14.27米
机身高度	3.63米
翼展	7.7米
空重	6140千克
最大速度	1176千米/小时
最大航程	3425千米

　　"鹞"式战斗机是一种单引擎单座亚音速垂直/短距起降战斗机，也是世界上最早的实用型垂直/短距起降战斗机，其主要作战任务是海上巡逻、舰队防空、攻击海上目标、侦察和反潜等。"鹞"式战斗机的固定武器为2门30毫米机炮，7个挂架的最大外挂重量为2720千克，可挂载导弹、炸弹、火箭弹和副油箱等。

　　"鹞"式战斗机之所以能垂直起降，关键在于它配备的劳斯莱斯"飞马"Mk 104推力可转向涡扇发动机。当飞机垂直起飞时，"飞马"发动机前后4个喷管转到垂直向下的位置，在喷气反作用力的作用下产生向上的推力，使飞机垂直上升；短距起飞时，喷管水平向后产生向前的推力，使飞机滑行加速，然后喷管迅速向下旋转60度，再借助机头甲烷喷嘴的作用，使飞机飞离地面起飞。

"飞龙"攻击机

英文名称：Wyvern
研制国家：英国
制造厂商：韦斯特兰飞机公司
重要型号：TF1/2/4、T3
生产数量：127架
服役时间：1953～1958年
主要用户：英国海军

基本参数	
机身长度	12.88米
机身高度	4.8米
翼展	13.41米
空重	7076千克
最大速度	616千米/小时
最大航程	1465千米

"飞龙"攻击机是英国于20世纪50年代研制的一种单引擎舰载攻击机，堪称当时机身最重、结构最复杂的单引擎战斗机。该机采用前缘平直、后缘略带弧度的半椭圆形机翼，机翼略带上反角，形成倒海鸥形机翼。前倾的发动机整流罩为飞行员提供了极好的前方视界，这对一种单引擎的活塞式攻击机来说显得尤其难得。由于机身前部安装了庞大的动力系统，考虑到配平的需要，加大了垂尾的面积。

由于首批生产型"飞龙"攻击机直到1953年中期才装备部队，此时喷气式战斗机已经服役很长一段时间了，因此"飞龙"攻击机最终只被用于执行对地攻击任务。该机在短暂的服役期中最辉煌的时刻是1956年11月以"鹰"号航空母舰为载体，参与了苏伊士战争。

"掠夺者"攻击机

英文名称:	Buccaneer
研制国家:	英国
制造厂商:	布莱克本飞机公司
重要型号:	S1/2/2A/2B/2C/2D/50
生产数量:	211架
服役时间:	1962～1994年
主要用户:	英国海军、英国空军、南非空军

基本参数	
机身长度	19.33米
机身高度	4.97米
翼展	13.41米
空重	14000千克
最大速度	1074千米/小时
最大航程	3700千米

"掠夺者"攻击机是一种双引擎攻击机，动力装置为两台劳斯莱斯"斯贝"Mk 101涡轮风扇发动机。该机采用全金属半硬壳式结构，分为机头、座舱、中机身、后机身和减速尾锥。其中，中机身上半部为整体油箱，下半部为武器舱。发动机短舱在中机身两则，防火壁和隔热护板都是钛合金制造。后机身主要是电子设备舱，靠垂尾根部进气口进入的冲压空气冷却。

"掠夺者"攻击机在可翻转式弹舱门内侧可装4枚454千克的Mk 10炸弹。翼下4个挂架的典型外挂武器各为：1枚454千克炸弹或2枚250千克炸弹，或装1具装18枚68毫米火箭弹的发射巢，或1具装36枚50毫米火箭弹的发射巢，或1枚"玛特拉"空对地导弹。

▲ "掠夺者"攻击机侧面视角

▼ 机翼折叠的"掠夺者"攻击机

"美洲豹"攻击机

英文名称：	Jaguar
研制国家：	英国、法国
制造厂商：	战术支援飞机制造公司
重要型号：	Jaguar A/B/E/S/M
生产数量：	543架
服役时间：	1973年至今
主要用户：	英国空军、法国空军、阿曼空军、印度空军

基本参数	
机身长度	16.8米
机身高度	4.9米
翼展	8.7米
空重	7000千克
最大速度	1699千米/小时
最大航程	3524千米

　　"美洲豹"攻击机是一种双引擎多用途攻击机。该机具有干净利落的传统上单翼布局，翼面至地面距离很高，便于挂载大型的外部载荷以及提供充裕的作业空间。机翼后掠角40度，下反角3度。机翼后缘取消了传统的副翼，内侧为双缝襟翼，外侧襟翼前有两片扰流板，低速时与差动尾翼配合进行横向操纵。尾部布局采用梯形垂尾，平尾是单片全动式，有10度下反角。

　　虽然"美洲豹"攻击机是由英国、法国合作研发的，但两国在规格与设备方面有较大差异，如英国版使用两台劳斯莱斯RT172发动机，法国版使用两台阿杜尔102发动机。两种版本都装有30毫米机炮，并可挂载4536千克导弹和炸弹等武器。

"海鹞"Ⅱ攻击机

英文名称：	Harrier Ⅱ
研制国家：	英国、美国
制造厂商：	BAE系统公司、麦道公司
重要型号：	AV-8B
生产数量：	337架
服役时间：	1985年至今
主要用户：	美国海军陆战队、意大利海军、西班牙海军

基本参数

机身长度	14.12米
机身高度	3.55米
翼展	9.25米
空重	6745千克
最大速度	1083千米/小时
最大航程	2200千米

"海鹞"Ⅱ攻击机是在"鹞"式战斗机基础上改进而来的垂直/短距起降攻击机。它采用悬臂式上单翼，机翼下装有下垂副翼和起落架舱，两翼下各有一个较小的辅助起落架，轮径较小，起飞后向上折叠。"海鹞"Ⅱ攻击机在减重上下了很大的工夫，其中采用复合材料主翼是主要改进项目之一，机身前段也使用了大量的复合材料。

"海鹞"Ⅱ攻击机安装了前视红外探测系统和夜视镜等夜间攻击设备，夜间战斗能力很强。该机的起飞滑跑距离不到美国F-16战斗机的三分之一，适于前线使用。"海鹞"Ⅱ攻击机的机身下有两个机炮/弹药舱，各装1门5管25毫米机炮，备弹300发。该机还有7个外挂挂架，可挂载AIM-9L"响尾蛇"导弹、AGM-65"小牛"导弹，以及各类炸弹和火箭弹。

▲ "海鹞" Ⅱ 攻击机在航空母舰上起降

▼ 美国海军陆战队装备的 "海鹞" Ⅱ 攻击机

"蚊"式轰炸机

英文名称：Mosquito
研制国家：英国
制造厂商：德·哈维兰公司
重要型号：Mk Ⅳ/Ⅴ/Ⅶ/Ⅸ
生产数量：7781架
服役时间：1941~1955年
主要用户：英国空军、加拿大空军、澳大利亚空军

基本参数	
机身长度	13.57米
机身高度	5.3米
翼展	16.52米
空重	6490千克
最大速度	668千米/小时
最大航程	2400千米

　　"蚊"式轰炸机以木材为主制造，有"木制奇迹"之誉。该机采用全木结构，这在20世纪40年代的飞机中已经非常少见。"蚊"式轰炸机的起落架、发动机、控制翼面安装点、翼身结合点等要受到立体应力的地方全采用金属锻件或铸件，整机全部金属锻件和铸件的总重量只有130千克。尽管"蚊"式轰炸机在生产过程中不断进行经历改进，但基本结构始终不变。

　　"蚊"式轰炸机的翼载荷较高，低空飞行很平稳，但也导致降落速度过高。该机最严重的问题之一就是进出座舱相当不便，下方舱门尺寸很小。"蚊"式轰炸机改型较多，除了担任日间轰炸任务以外，还有夜间战斗机、侦察机等多种衍生型。"蚊"式轰炸机的生存性能好，在整个战争期间创造了英国空军轰炸机作战生存率的最佳纪录。

"兰开斯特"轰炸机

英文名称：Lancaster
研制国家：英国
制造厂商：阿芙罗公司
重要型号：B1/2/3/4/5/6/7/10
生产数量：7377架
服役时间：1942～1963年
主要用户：英国空军、加拿大空军、澳大利亚空军

基本参数	
机身长度	21.11米
机身高度	6.25米
翼展	31.09米
空重	16571千克
最大速度	454千米/小时
最大航程	4073千米

"兰开斯特"轰炸机是二战时期英国的重要战略轰炸机，采用常规布局，具有一副长长的梯形悬臂中单机翼，4台发动机均安置在机翼上。近矩形断面的机身前部，是一个集中了空勤人员的驾驶舱，机身下部为宽大的炸弹舱，椭圆形双垂尾、可收放后三点起落架与当时流行的重型轰炸机毫无二致。

"兰开斯特"轰炸机硕大的弹舱内可灵活选挂形形色色的炸弹，除113千克常规炸弹外，还可半裸悬挂各式巨型炸弹，用于对特殊目标的打击。该机的机身结构尚属坚固，但其设计存在较大问题。由于没有装设机腹炮塔，对于下方来的敌机，无法反击。德军很快就发现了这个弱点，他们往往从后下方接近，然后利用倾斜式机炮猛轰机腹，轻而易举即可摧毁"兰开斯特"轰炸机。

"堪培拉"轰炸机

英文名称：	Canberra
研制国家：	英国
制造厂商：	英国电气公司
重要型号：	B Mk1/2/5/6/15/16/52
生产数量：	949架
服役时间：	1951~2006年
主要用户：	英国空军、印度空军、澳大利亚空军

基本参数	
机身长度	19.96米
机身高度	4.77米
翼展	19.51米
空重	9820千克
最大速度	933千米/小时
最大航程	5440千米

"堪培拉"轰炸机是英国空军第一种轻型喷气式轰炸机。其机身为普通全金属半硬壳式加强蒙皮结构，机身截面呈圆形。机头部分有增压座舱，座舱后有一个承压隔板。中段为炸弹舱，舱门由液压操纵。机身尾段装有电子设备。该机采用悬臂式中单翼，中翼呈矩形，外翼呈梯形，机翼的展弦比较小。

"堪培拉"轰炸机在执行轰炸任务时，弹舱内可载6枚454千克炸弹，另外在两侧翼下挂架还可挂载907千克炸弹。执行遮断任务时，可在弹舱后部装4门20毫米机炮，前部空余部分可装16个114毫米的照明弹或3枚454千克炸弹。1963年对飞机进行了改进，能携带"北方"空对地导弹，也可携带核武器。

"勇士"轰炸机

英文名称:	Valiant
研制国家:	英国
制造厂商:	维克斯·阿姆斯特朗公司
重要型号:	B1、B(PR)1、B(K)1
生产数量:	107架
服役时间:	1955~1965年
主要用户:	英国空军

基本参数	
机身长度	32.99米
机身高度	9.8米
翼展	34.85米
空重	34491千克
最大速度	913千米/小时
最大航程	7245千米

"勇士"轰炸机是一种双引擎战略轰炸机，采用悬臂式上单翼设计，在两侧翼根处各安装有两台"埃汶"发动机。该机的机翼尺寸巨大，所以翼根的相对厚度被控制在12%，以利于空气动力学。"勇士"轰炸机的机组成员为5人，包括正副驾驶、2名领航员和1名电子设备操作员。所有的成员都被安置在一个蛋形的增压舱内，不过只有正副驾驶员拥有弹射座椅，所以在发生事故或被击落时，其他机组成员只能通过跳伞逃生。

"勇士"轰炸机可以在弹舱内挂载1枚4500千克的核弹或者21枚450千克常规炸弹。此外，它还可以在两侧翼下各携带1个7500升的副油箱，用于增大飞机航程。"勇士"轰炸机的发动机保养和维修比较麻烦，且一旦某台发动机发生故障，很可能会影响到紧邻它的另一台发动机。

"火神"轰炸机

英文名称：Vulcan
研制国家：英国
制造厂商：阿芙罗、霍克飞机公司
重要型号：B1/1A/2/3
生产数量：136架
服役时间：1956～1984年
主要用户：英国空军

基本参数	
机身长度	29.59米
机身高度	8.0米
翼展	30.3米
空重	37144千克
最大速度	1038千米/小时
最大航程	4171千米

　　"火神"轰炸机是一种中程战略轰炸机，采用无尾三角翼气动布局，是世界上最早的三角翼轰炸机。发动机为4台奥林巴斯301型喷气发动机，安装在翼根位置，进气口位于翼根前缘。"火神"轰炸机拥有面积很大的一副悬臂三角形中单翼，前缘后掠角50度。机身断面为圆形，机头有一个较大的雷达罩，上方是突出的座舱顶盖。

　　"火神"轰炸机曾经与另外两种轰炸机（"勇士"轰炸机和"胜利者"轰炸机）一起构成英国战略轰炸机的三大支柱。该机的座舱可坐有正副驾驶员、电子设备操作员、雷达操作员和领航员，机头下有投弹瞄准镜。机身腹部有一个长8.5米的炸弹舱，可挂载21枚454千克级炸弹或核弹，也可以挂载1枚"蓝剑"空对地导弹。

"胜利者"轰炸机

英文名称:	Victor
研制国家:	英国
制造厂商:	汉德利·佩季公司
重要型号:	B1/1A/2/2RS
生产数量:	86架
服役时间:	1958～1993年
主要用户:	英国空军

Military Aircraft

基本参数	
机身长度	35.05米
机身高度	8.57米
翼展	33.53米
空重	40468千克
最大速度	1009千米/小时
最大航程	9660千米

"胜利者"轰炸机是一种四引擎战略轰炸机。它采用月牙形机翼和高平尾布局,四台发动机装于翼根,采用两侧翼根进气。由于机鼻雷达占据了机鼻下部的非密封隔舱,座舱一直延伸到机鼻,提供了更大的空间和更佳的视野。该机的机身采用全金属半硬壳式破损安全结构,中部弹舱门用液压开闭,尾锥两侧是液压操纵的减速板。尾翼为全金属悬臂式结构,采用带上反角的高平尾,以避开发动机喷流的影响。垂尾和平尾前缘均用电热除冰。

"胜利者"轰炸机没有固定武器,可在机腹下半埋式挂载1枚"蓝剑"核导弹,或在弹舱内装载35枚454千克常规炸弹,也可在机翼下挂载4枚美制"天弩"空对地导弹(机翼下每侧2枚)。该机的动力装置为4台阿姆斯特朗"蓝宝石"发动机。

▲ "胜利者"轰炸机准备起飞

▼ 退役后作为展览通途的"胜利者"轰炸机

"塘鹅" 反潜机

英文名称：Gannet	
研制国家：英国	
制造厂商：费尔雷公司	
重要型号：AS1/4、AEW3/7、T2/5	
生产数量：348架	
服役时间：1953～1978年	
主要用户：英国海军、澳大利亚海军、印度尼西亚海军	

基本参数	
机身长度	13米
机身高度	4.19米
翼展	16.56米
空重	6835千克
最大速度	500千米/小时
最大航程	995千米

"塘鹅"反潜机是一种单引擎舰载反潜机，由于装备了大型发动机（阿姆斯特朗"双曼巴"发动机，输出功率为2199千瓦），导致机体肥胖臃肿，看起来颇像一只笨拙的大鹅，因此被定名为"塘鹅"，还有人说它堪称"世界上最丑陋的军用飞机"。作为舰载机，"塘鹅"反潜机的机翼可向上折起。

"塘鹅"反潜机有两个独立的动力单元（实际上是一台发动机，只不过有两个动力输出单元）驱动两对共轴螺旋桨，这意味着除在起飞阶段同时使用两个单元外，在飞行中可以关闭一个单元以节省燃油消耗，从而延长航程和巡逻时间。该机的弹舱中可携带907千克炸弹（或深水炸弹、水雷），或在翼下两个挂架携带同样重量的火箭弹。

"山猫" 通用直升机

英文名称：	Westland Lynx
研制国家：	英国
制造厂商：	韦斯特兰公司
重要型号：	AH1/5/6/7/9、HAS2/3
生产数量：	450架以上
服役时间：	1978年至今
主要用户：	英国陆军、英国海军、法国海军、德国海军

基本参数	
机身长度	15.16米
机身高度	3.66米
旋翼直径	12.8米
空重	2787千克
最大速度	289千米/小时
最大航程	630千米

"山猫"直升机是一种双引擎通用直升机，有陆军型和海军型，可用于执行战术部队运输、后勤支援、护航、反坦克、搜索救援、伤员撤退、侦察、指挥、反潜、反舰等任务。该机的座舱为并列双座结构，采用4片桨叶半刚性旋翼和4片桨叶尾桨，旋翼桨叶可人工折叠，海军型的尾斜梁也可人工折叠。陆军型着陆装置为不可收放管架滑橇，海军型为不可收放前三点式起落架。

"山猫"直升机的速度快、机动灵活，易于操纵和控制。该机的座舱可容纳1名驾驶员和10名武装士兵。舱内可载货物907千克，外挂能力为1360千克。在执行武装护航、反坦克和空对地攻击任务时，可以携带20毫米机炮、7.62毫米机枪、68毫米（或80毫米）火箭弹和各种反坦克导弹。海军型可携带鱼雷、深水炸弹或空对舰导弹。

▲ "山猫"直升机海军型

▼ "山猫"直升机陆军型

"灰背隼"通用直升机

英文名称：Merlin
研制国家：英国、意大利
制造厂商：韦斯特兰公司、阿古斯塔公司
重要型号：M110/111/112/410/500/611
生产数量：150架以上
服役时间：1999年至今
主要用户：英国空军、英国海军、意大利海军、丹麦空军

基本参数	
机身长度	22.81米
机身高度	6.65米
旋翼直径	18.59米
空重	10500千克
最大速度	309千米/小时
最大航程	833千米

"灰背隼"直升机是一种中型通用直升机，机身结构由传统和复合材料构成，设计上尽可能采用多重结构式设计，主要部件在受损后仍能起作用。"灰背隼"直升机各个型号的机身结构、发动机、基本系统和航空电子系统基本相同，主要区别在于执行不同任务时所需的特殊设备。

"灰背隼"直升机具有全天候作战能力，可用于运输、反潜、护航、搜索救援、空中预警和电子对抗等。执行运输任务时，"灰背隼"直升机可装载两名飞行员和35名全副武装的士兵，或者16副担架加一支医疗队。"灰背隼"直升机的动力装置为3台劳斯莱斯RTM322-01涡轮轴发动机，单台功率为1566千瓦。

▲ "灰背隼"直升机侧面视角

▼ "灰背隼"直升机侧前方视角

"野猫" 通用直升机

英文名称：Wildcat
研制国家：英国
制造厂商：韦斯特兰公司
重要型号：AH1、HMA2
生产数量：200架以上
服役时间：2014年至今
主要用户：英国陆军、英国海军、菲律宾海军、韩国海军

基本参数	
机身长度	15.24米
机身高度	3.73米
旋翼直径	12.8米
空重	3300千克
最大速度	311千米/小时
最大航程	777千米

"野猫"直升机是一种双引擎多用途直升机，主要用于反舰、武装保护和反海盗等任务，同时还具备反潜能力。该直升机虽然是在"山猫"直升机的基础上改进而来的，但两者的差异极大。"野猫"直升机有95%的零部件是新设计的，仅有5%的零部件可与"山猫"直升机通用，包括燃油系统和主旋翼齿轮箱等。在外形方面，"野猫"直升机的尾桨经过重新设计，耐用性更强，隐身性能也更好。

"野猫"直升机采用两台LHTEC CTS800涡轮轴发动机，单台功率为1016千瓦。该直升机的主要武器为FN MAG机枪（陆军版）、CRV7制导火箭弹和泰利斯公司的轻型多用途导弹。海军版装有勃朗宁M2机枪，还可搭载深水炸弹和鱼雷等。

"不死鸟"无人机

英文名称:	BAE Systems Phoenix
研制国家:	英国
制造厂商:	BAE系统公司
重要型号:	Phoenix
生产数量:	50架
服役时间:	1987~2008年
主要用户:	英国陆军

基本参数

翼展	5.6米
总重	175千克
载荷重量	50千克
最大速度	166千米/小时
续航时间	5小时
实用升限	2800米

"不死鸟"无人机主要用于为炮兵提供定位和识别服务,也可用于侦察。该机采用卡车运输,并且使用车上的弹射器进行发射。机身上装有降落伞和冲击缓冲背部减阻装置,帮助无人机降落。"不死鸟"无人机的腹部通过一个稳定的旋转臂装有一个双轴稳定传感器吊舱,吊舱中有热成像通用模块。

"不死鸟"无人机可帮助英军AS-90式155毫米自行榴弹炮和多管火箭发射系统提供定位和识别服务。另外,这种无人机还可以用于获得战场情报和侦察用途,为炮团提供侦察照片和数据。虽然"不死鸟"无人机的性能存在不足,但它为英国无人机的发展积累了宝贵的技术和经验。

"守望者"无人机

英文名称:	Watchkeeper
研制国家:	英国
制造厂商:	泰利斯公司
重要型号:	Watchkeeper
生产数量:	50架以上
服役时间:	2014年至今
主要用户:	英国陆军

基本参数	
机身长度	6.1米
翼展	10.51米
最大起飞重量	450千克
最大速度	175千米/小时
最大升限	5500米

"守望者"无人机系统包含一小、一大两套无人机,分别被命名为WK 180和WK 450,它们分别基于以色列埃尔比特公司"赫姆斯"180无人机和"赫姆斯"450无人机改进而来。两套无人机可采用两种工作模式:既能够按预先编制计划完全自主的去执行任务,也能在飞行中由地面操作员改变状态。起飞和降落能够由地面操作员控制或自动运行。

"守望者"无人机采用活塞发动机提供动力,使用一个双桨叶推进式螺旋桨。该机能够在高海拔地区飞行,并在减弱声音和视觉信号反射的同时扩大覆盖范围、提升续航能力。一套完整的"守望者"无人机系统能够由一架C-130"大力神"运输机部署到战区。

第 5 章

法国军用飞机

法国是全球航空工业历史最悠久的国家之一,早在一战期间,法国就拥有二十余家飞机制造公司和十余家发动机制造公司,其产品远销世界各国。后来随着美国、苏联和其他欧洲国家航空工业的崛起,法国航空工业的地位有所下降,但仍拥有不可忽视的实力。

"神秘" 战斗机

法语名称：Mystère
研制国家：法国
制造厂商：达索航空公司
重要型号：Ⅰ/ⅡA/ⅡB/ⅡC/ⅢN/ⅣA
生产数量：171架
服役时间：1954～1963年
主要用户：法国空军

基本参数	
机身长度	11.7米
机身高度	4.26米
翼展	13.1米
空重	5225千克
最大速度	1060千米/小时
最大航程	885千米

"神秘"战斗机是在达索"暴风雨"战斗机的基础上改进而来的一种单座喷气式战斗机，沿用了后者的机身，但是为了安装机翼，中部做了一些改动，机翼的后掠角从"暴风雨"战斗机的14度增大到30度，机翼的相对厚度也要比原来的小，这样可以减少跨音速时的震颤。

"神秘"战斗机有多种型号，用"渐改法"逐步完善性能并发展出多种用途，以满足不同的作战要求，是"神秘"战斗机大获成功的关键。早期型号"神秘"ⅡC的固定武器为2门30毫米机炮，还可挂载18枚68毫米火箭弹和900千克炸弹。昼间战斗轰炸机改型"神秘"ⅣA改用更加后掠、厚度更薄的高速机翼，一具小型射击火控雷达装在机头进气口竖隔墙中央的尖锥体内。单座全天候战斗机改型"神秘"ⅣB的后机身因发动机换型而重新设计，机头进气口上方的突唇内装了雷达天线。

"超神秘"战斗机

法语名称:	Super Mystère
研制国家:	法国
制造厂商:	达索航空公司
重要型号:	Super Mystère B1/2/4
生产数量:	180架
服役时间:	1956～1977年
主要用户:	法国空军、以色列空军、洪都拉斯空军

基本参数	
机身长度	14.13米
机身高度	4.6米
翼展	10.51米
空重	6390千克
最大速度	1195千米/小时
最大航程	1175千米

　　"超神秘"战斗机是一种单引擎单座超音速战斗机。该机在气动外形上借鉴了美国F-100"超佩刀"战斗机,虽然与达索"神秘"Ⅱ战斗机相似,但却是一架全新设计的飞机。"超神秘"战斗机使用后掠角更大(45度)和更薄的机翼,改进了进气道,并使用视界更好的凸出型半水泡座舱盖,外形更具流线形。

　　"超神秘"战斗机在安装带加力燃烧室的斯奈克玛"阿塔"101涡喷发动机后,飞行性能大大提高,成为西欧各国空军中第一种平飞速度超过音速的战斗机。该机的固定武器为1门双联装30毫米"德发"机炮,翼下可挂载2680千克火箭弹或炸弹。

"幻影"Ⅲ战斗机

英文名称：Mirage Ⅲ
研制国家：法国
制造厂商：达索航空公司
重要型号：Mirage Ⅲ A/B/C/D/E/R/S
生产数量：1422架
服役时间：1961年至今
主要用户：法国空军、澳大利亚空军、巴基斯坦空军、以色列空军、南非空军

基本参数	
机身长度	15.03米
机身高度	4.5米
翼展	8.22米
空重	7050千克
最大速度	2350千米/小时
最大航程	3335千米

　　"幻影"Ⅲ战斗机是一种单引擎单座战斗机，最初被设计成截击机，之后发展成兼具对地攻击和高空侦察能力的多用途战机。该机采用无尾翼三角翼设计，机身强度大，高速性能好。"幻影"Ⅲ战斗机在1958年10月第35次试飞时达到2马赫的速度，成为第一架速度达到2马赫的欧洲战斗机。

　　"幻影"Ⅲ战斗机的固定武器为2门30毫米机炮，另有7个外挂点可挂载空对空导弹、空对地导弹、空对舰导弹或炸弹等武器。与同时期其他速度达到2马赫的战斗机相比，该机具有操作简单、维护方便的优点。在1967年爆发的中东战争中，以色列装备的"幻影"Ⅲ战斗机曾创下单日12次出击的惊人纪录，每次落地挂弹、加油再升空的时间仅需7分钟。

▲ "幻影"Ⅲ战斗机起飞

▼ "幻影"Ⅲ战斗机侧面视角

"幻影" V 战斗轰炸机

英文名称：Mirage V
研制国家：法国
制造厂商：达索航空公司
重要型号：Mirage 5BA/D/F/G/J/P/R
生产数量：582架
服役时间：1967年至今
主要用户：法国空军、比利时空军、埃及空军、巴基斯坦空军

基本参数	
机身长度	15.55米
机身高度	4.5米
翼展	8.22米
空重	7150千克
最大速度	2350千米/小时
最大航程	4000千米

　　"幻影" V战斗轰炸机是在"幻影"ⅢE战斗机的基础上改进而来的单引擎单座战斗轰炸机，沿用了后者的机体和发动机，加长了机鼻，简化了电子设备，同时增加了燃油搭载量，提高了外挂能力，可在简易机场起落。"幻影" V战斗轰炸机是专为出口而设计的，由于性能较好且价格适中，所以获得了十余个国家的订单。

　　"幻影" V战斗轰炸机主要用于对地攻击，也可执行截击任务。该机的固定武器为2门30毫米机炮，7个外挂点的载弹量达4000千克，可搭载68毫米火箭弹，也可搭载AIM-9 "响尾蛇" 空对空导弹或 "魔术" 空对空导弹。该机的动力装置为一台斯奈克玛 "阿塔" 9C涡轮喷气发动机，推力较为强劲。

"幻影"F1 战斗机

英文名称:	Mirage F1
研制国家:	法国
制造厂商:	达索航空公司
重要型号:	Mirage F1A/B/C/D/E/CR/M
生产数量:	720架以上
服役时间:	1973年至今
主要用户:	法国空军、希腊空军、西班牙空军、伊拉克空军

基本参数	
机身长度	15.3米
机身高度	4.5米
翼展	8.4米
空重	7400千克
最大速度	2338千米/小时
最大航程	3300千米

"幻影"F1战斗机是一种空中优势战斗机,放弃了达索航空公司一贯采用的无尾三角翼布局,而采用了常规气动布局设计。机翼为悬臂式上单翼,安装了前缘机动襟翼和后缘的双开缝襟翼。水平尾翼是低置的全动式。为了适应起降条件较差的前线机场,前起落架和主起落架都采用采用了双轮设计。部分"幻影"F1战斗机加装了不可收放的固定式空中受油装置,固定于风挡的右侧并向外倾斜。

"幻影"F1战斗机配备不同的武器和设备,可以完成制空、截击、低空对地攻击等不同的任务。该机的固定武器为2门30毫米"德发"机炮,机身和机翼的7个外挂点可挂载AIM-9"响尾蛇"空对空导弹、"魔术"空对空导弹、68毫米火箭弹和各式炸弹,还可挂载副油箱。

"幻影"2000战斗机

英文名称：Mirage 2000
研制国家：法国
制造厂商：达索航空公司
重要型号：Mirage 2000B/C/D/E/M/N
生产数量：601架
服役时间：1982年至今
主要用户：法国空军、印度空军、埃及空军、希腊空军、巴西空军

基本参数	
机身长度	14.36米
机身高度	5.2米
翼展	9.13米
空重	16350千克
最大速度	2530千米/小时
最大航程	3335千米

　　"幻影"2000战斗机是一种单引擎多用途战斗机。它重新启用了达索航空公司惯用的无尾三角翼布局，以发挥三角翼超音速阻力小、结构重量轻、刚性好、大迎角时的振动小，以及内部空间大和储油多的优点。得益于航空技术的发展，"幻影"2000战斗机解决了无尾三角翼布局的一些局限性，主要措施为采用电传操纵，放宽静稳定度，以及使用复合材料等。

　　"幻影"2000战斗机可执行全天候全高度全方位远程拦截任务，全机共有9个武器外挂点，其中5个在机身下，4个在机翼下。各单座型号还装有2门30毫米"德发"机炮。"幻影"2000战斗机的动力装置为一台斯奈克玛M53单轴式涡轮风扇发动机，其结构简单，由10个可更换的单元体组成，易于维护。

▲ "幻影" 2000战斗机侧面视角

▼ "幻影" 2000战斗机起飞

"阵风"战斗机

英文名称：Rafale	
研制国家：法国	
制造厂商：达索航空公司	
重要型号：Rafale A/B/C/D/M/N/R	
生产数量：152架	
服役时间：2001年至今	
主要用户：法国空军、法国海军、埃及空军	

基本参数	
机身长度	15.27米
机身高度	5.34米
翼展	10.8米
空重	9500千克
最大速度	2130千米/小时
最大航程	3700千米

　　"阵风"战斗机是一种双引擎多用途战斗机，采用三角翼配合近耦合前翼（主动整合式前翼），以及先天不稳定气动布局，以达到高机动性，同时保持飞行稳定性。机身为半硬壳式，前半部分主要使用铝合金制造，后半部分则大量使用碳纤维复合材料。该机的进气道位于下机身两侧，可有效改善进入发动机进气道的气流，从而提高大迎角时的进气效率。起落架为前三点式，可液压收放在机体内部。

　　"阵风"战斗机共有14个外挂点（海军型为13个），其中5个用于加挂副油箱和重型武器，总外挂能力在9000千克以上。所有型号的"阵风"战斗机都有1门30毫米机炮，最大射速为2500发/分。"阵风"战斗机有着非常出色的低速可控性，降落速度可低至213千米/小时，这对航空母舰起降非常重要。

▲ "阵风"战斗机搭载的各式武器

▼ "阵风"战斗机在高空飞行

"军旗"Ⅳ攻击机

法语名称:	Étendard Ⅳ
研制国家:	法国
制造厂商:	达索航空公司
重要型号:	Étendard Ⅳ/ⅣB/ⅣM/ⅣP
生产数量:	90架
服役时间:	1962～1991年
主要用户:	法国海军

基本参数	
机身长度	14.4米
机身高度	3.79米
翼展	9.6米
空重	5900千克
最大速度	1099千米/小时
最大航程	3300千米

"军旗"Ⅳ攻击机是一种轻型舰载攻击机，主要任务是对舰、对地攻击，也可执行照相侦察任务。达索航空公司原本以"军旗"攻击机参加北约轻型攻击机的竞标，但败给了意大利菲亚特公司的G91Y攻击机。之后，达索航空公司在"军旗"攻击机的基础上开发了一种更大的攻击机，也就是"军旗"Ⅳ攻击机。

"军旗"Ⅳ攻击机主要在法国海军"福煦"号和"克莱蒙梭"号航空母舰上服役，为适应舰载使用，采用了高三点起落架，并装备了马丁·贝克公司研发的Mk N4A弹射座椅。该机的动力装置为一台斯奈克玛"阿塔"8B发动机，固定武器为2门30毫米"德发"机炮，每门备弹150发。该机共有5个外部挂架，最大载弹量为1360千克，可使用68毫米火箭弹和各类常规炸弹。

"超军旗"攻击机

法语名称:	Super Étendard
研制国家:	法国
制造厂商:	达索航空公司
重要型号:	Super Étendard A
生产数量:	85架
服役时间:	1978年至今
主要用户:	法国海军、阿根廷海军、伊拉克空军

基本参数

机身长度	14.31米
机身高度	3.85米
翼展	9.6米
空重	6460千克
最大速度	1180千米/小时
最大航程	3400千米

"超军旗"攻击机是一种单引擎舰载攻击机,由"军旗"Ⅳ攻击机改进而来。该机采用45度后掠角中单翼设计,机身为全金属半硬壳式结构,翼尖可以折起,机身呈蜂腰状。该机的动力装置一台斯奈克玛"阿塔"8K-50非加力型发动机,机身后段可拆除以进行发动机更换。

"超军旗"攻击机的固定武器是2门30毫米"德发"机炮,每门备弹125发。全机有5个外挂点,机腹中线外挂点可携带590千克外挂物,两个翼下外侧外挂点的挂载能力为1090千克,两个翼下内侧外挂点的挂载能力为450千克。在执行攻击任务时,其武器携带方案为6枚250千克炸弹(机腹挂架挂载2枚),或4枚400千克炸弹(全由翼下挂架挂载),或4具LRI-50火箭发射巢(每具可容纳18枚68毫米火箭弹)。此外,还可根据需要挂载"飞鱼"空对舰导弹和副油箱等。

"幻影"Ⅳ轰炸机

英文名称:	Mirage Ⅳ
研制国家:	法国
制造厂商:	达索航空公司
重要型号:	Mirage Ⅳ A/B/R/S
生产数量:	66架
服役时间:	1964~2005年
主要用户:	法国空军

基本参数	
机身长度	23.49米
机身高度	5.4米
翼展	11.85米
空重	14500千克
最大速度	2340千米/小时
最大航程	4000千米

"幻影"Ⅳ轰炸机是一种双引擎超音速战略轰炸机，沿用了"幻影"系列传统的无尾大三角翼的布局。机翼为全金属结构的悬臂式三角形中单翼，前缘后掠角60度，主梁与机身垂直，后缘处有两根辅助梁，与前缘几乎平行。机身为全金属半硬壳式结构，机头前端是空中加油受油管。机身前端下方是前起落架舱，起落架为液压收放前三点式，前起落架为双轮，可操纵转向，向后收入机身。主起落架采用四轮小车式，可向内收入机身。

"幻影"Ⅳ轰炸机基本型的主要武器为半埋在机腹下的1枚AN-11或AN-22核弹，或16枚454千克常规炸弹，或1枚ASMP空对地核打击导弹。总的来说，"幻影"Ⅳ轰炸机尽管很有特色，但与美苏先进战略轰炸机相比，体型明显偏小，难以形成更为强大的威慑力。

"云雀"Ⅲ通用直升机

英文名称:	Alouette Ⅲ
研制国家:	法国
制造厂商:	法国宇航公司
重要型号:	SA 316A/B/C、SA 319B
生产数量:	2000架以上
服役时间:	1961年至今
主要用户:	法国陆军、法国空军、法国海军、韩国海军、印度空军、奥地利空军

基本参数

机身长度	10.03米
机身高度	3米
旋翼直径	11.02米
空重	1143千克
最大速度	210千米/小时
最大航程	540千米

　　"云雀"Ⅲ通用直升机是一种单引擎轻型多用途直升机,已被七十余个国家采用。该机有SA 316和SA 319两个系列,前者于1961年开始生产,先后有SA 316A、SA 316B和SA 316C等型号。而SA 319是SA 316C的改进型,1971年开始生产,更换了功率更大的发动机。

　　"云雀"Ⅲ直升机的军用型可以安装7.62毫米机枪或者20毫米机炮,还能外挂4枚AS11或者2枚AS12有线制导导弹,可以攻击装甲车辆或小型舰艇。"云雀"Ⅲ直升机的反潜型安装了磁场异常探测仪,并可携带鱼雷攻击潜艇。此外,还有的"云雀"Ⅲ直升机安装了能起吊175千克重量的救生绞车。

"超黄蜂"通用直升机

英文名称：	Super Frelon
研制国家：	法国
制造厂商：	法国宇航公司
重要型号：	SA 321G/H/F/J/K/L/M
生产数量：	110架以上
服役时间：	1966年至今
主要用户：	法国海军、以色列空军、南非空军、伊拉克空军、利比亚海军

基本参数	
机身长度	23.03米
机身高度	6.66米
旋翼直径	18.9米
空重	6863千克
最大速度	249千米/小时
最大航程	1020千米

　　"超黄蜂"通用直升机是一种三引擎多用途直升机，曾创造多项直升机世界纪录。该机采用普通全金属半硬壳式机身，船形机腹由水密隔舱构成。主旋翼有6片桨叶，可液压操纵自动折叠。尾桨有5片金属桨叶，与旋翼桨叶结构相似。

　　"超黄蜂"直升机的驾驶舱内有正、副驾驶员座椅，具有复式操纵机构和先进的全天候设备。G型有5名乘员，有反潜探测、攻击、拖曳、扫雷和执行其他任务用的各种设备。H型可运送30名士兵，内载或外挂5000千克货物，或者携带15副担架和两名医护人员。

"美洲豹" 通用直升机

英文名称：	Puma
研制国家：	法国
制造厂商：	法国宇航公司
重要型号：	SA 330A/B/C/E/F/G/H/J/L/S
生产数量：	697架
服役时间：	1968年至今
主要用户：	法国陆军、英国空军、罗马尼亚空军、黎巴嫩空军

基 本 参 数	
机身长度	18.15米
机身高度	5.14米
旋翼直径	15米
空重	3536千克
最大速度	257千米/小时
最大航程	580千米

"美洲豹"通用直升机是一种双引擎中型多用途直升机，有一个相对较高的粗短机身，机身背部并列安装两台透博梅卡"透默"ⅣC涡轮轴发动机，单台功率为1175千瓦。该机是一种带尾桨的单旋翼布局直升机，旋翼为4片桨叶，尾桨为5片桨叶，起落架为前三点固定式。

"美洲豹"直升机可视要求搭载导弹、火箭弹，或在机身侧面与机头分别装备20毫米机炮及7.62毫米机枪。该机的主机舱开有侧门，可装载16名武装士兵或8副担架加8名轻伤员，也可运载货物，机外吊挂能力为3200千克。

"小羚羊"通用直升机

英文名称：Gazelle
研制国家：法国
制造厂商：法国宇航公司
重要型号：SA 341B/C/D/E、SA 342J/K/L
生产数量：1775架
服役时间：1973年至今
主要用户：法国陆军、英国陆军、埃及空军、黎巴嫩空军

基本参数	
机身长度	11.97米
机身高度	3.15米
旋翼直径	10.5米
空重	908千克
最大速度	310千米/小时
最大航程	670千米

　　"小羚羊"直升机是一种单引擎通用直升机，采用三片半铰接式NACA0012翼形旋翼，可人工折叠。尾桨为法国直升机常见的涵道式尾桨，带有桨叶刹车。座舱框架为轻合金焊接结构，安装在普通半硬壳底部机构上。底部结构主要由轻合金蜂窝夹心板和纵向盒等构成。机体大量使用夹心板结构。起落架为钢管滑橇式，可加装机轮、浮筒和雪橇等。

　　"小羚羊"直升机的固定武器为1门20毫米机炮或2挺7.62毫米机枪，并可携带4枚"霍特"反坦克导弹或2个68毫米（或70毫米）火箭吊舱。"小羚羊"直升机的动力装置为一台透博梅卡"阿斯泰阳"ⅢA涡轮轴发动机，功率为640千瓦。

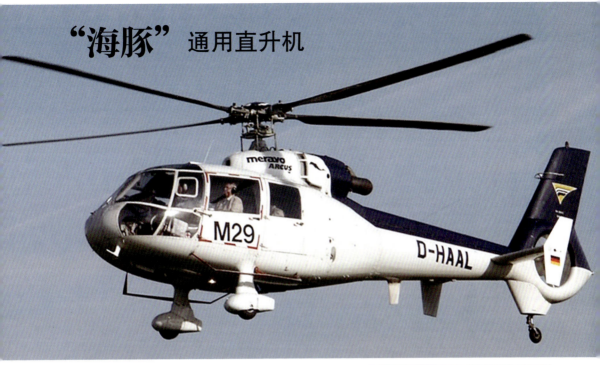

"海豚"通用直升机

英文名称：Dauphin
研制国家：法国
制造厂商：法国宇航公司
重要型号：SA 360A/C、SA 361H、SA 365N
生产数量：1000架以上
服役时间：1976年至今
主要用户：法国陆军

基本参数	
机身长度	13.2米
机身高度	3.5米
旋翼直径	11.5米
空重	1580千克
最大速度	315千米/小时
最大航程	675千米

"海豚"直升机是一种多用途直升机，其研发工作始于20世纪60年代末，原型机于1972年6月首次试飞。之后陆续发展了SA 360、SA 361等单引擎型，命名为"海豚"。1975年又推出双引擎型SA 365，命名为"海豚"Ⅱ。

"海豚"直升机各个型号之间的差异较大，以SA 365N为例，其可载13名乘客，也可吊挂1600千克货物，并可安装全套反潜反舰武器。而SA 365F是从SA 365N发展而来的反舰型和反潜型，反舰型的机头下悬挂有圆板状的AGRION-15雷达，机身两侧挂架下可挂载4枚AS 15 TT空对舰导弹，也可挂载2枚AM39"飞鱼"反舰导弹，可攻击15千米外的敌方舰艇。反潜型则带有磁探仪、声呐浮标及2枚自导鱼雷，座舱中可以容纳10人。

"美洲狮" 通用直升机

英文名称：Cougar
研制国家：法国
制造厂商：法国宇航公司
重要型号：AS 532UL/AL/SC
生产数量：500架以上
服役时间：1978年至今
主要用户：法国空军、土耳其空军、荷兰空军、西班牙空军、瑞士空军

Military Aircraft

★★★

基本参数	
机身长度	15.53米
机身高度	4.92米
旋翼直径	15.6米
空重	4330千克
最大速度	249千米/小时
最大航程	573千米

　　"美洲狮"直升机是一种双引擎多用途直升机，动力装置为两台透博梅卡"马基拉"1A1涡轮轴发动机，单台最大应急功率为1400千瓦。进气道口装有格栅，可防止冰、雪等异物进入。该机的旋翼为4片全铰接桨叶，尾桨也是4片桨叶。起落架为液压可收放前三点式，前轮为自定中心双轮，后轮是单轮。

　　"美洲狮"直升机的机载设备可根据不同的需要灵活调整，陆军型和空军型可安装2门20毫米或2挺7.62毫米机枪，海军型可携带2枚AM39"飞鱼"反舰导弹或2枚轻型鱼雷。

"黑豹"通用直升机

英文名称：Panther
研制国家：法国
制造厂商：法国宇航公司
重要型号：AS 565UA/UB/AA/AB/MA/CA
生产数量：400架以上
服役时间：1984年至今
主要用户：法国海军、巴西陆军、印度尼西亚海军、墨西哥海军、以色列空军

基本参数

机身长度	13.68米
机身高度	3.97米
旋翼直径	11.9米
空重	2380千克
最大速度	306千米/小时
最大航程	875千米

"黑豹"直升机是在"海豚"Ⅱ直升机的基础上发展而来的多用途直升机，采用碳纤维复合材料涵道尾桨，座舱座椅为防弹座椅，可承受15G重力加速度。为降低红外辐射信号，"黑豹"直升机的机体涂有低红外反射的涂料。为使座舱适应贴地飞行，采用了夜视目镜，从而使直升机在实际上可以进行夜航。

"黑豹"直升机整个机体可以经受7米/秒垂直下降速度的碰撞，燃油系统能经受14米/秒坠落速度的碰撞。机身两侧的外挂架可携带44枚68毫米火箭弹，2个20毫米机炮吊舱，或8枚R530空对空导弹。反坦克型AS 565CA还可搭载"霍特"反坦克导弹和舱顶瞄准具。

▲ 低空飞行的"黑豹"直升机

▼ "黑豹"直升机侧面视角

"小狐"轻型直升机

英文名称：Fennec
研制国家：法国
制造厂商：欧洲直升机公司
重要型号：AS 550C2/C3、AS 555AF/AN
生产数量：3150架以上
服役时间：1990年至今
主要用户：法国陆军、法国空军、墨西哥海军、丹麦空军、泰国陆军

基本参数	
机身长度	10.93米
机身高度	3.34米
旋翼直径	10.69米
空重	1220千克
最大速度	246千米/小时
最大航程	648千米

　　"小狐"直升机是一种轻型多用途单旋翼直升机，被七十余个国家采用。该机的机身使用轻型合成金属材料制造，采用了热力塑型技术。主旋翼有3片桨叶，也采用了合成材料，以便减轻机体重量，同时增加防护力。该机的动力装置为两具法国产1A涡轮轴发动机，持续输出功率达302千瓦。

　　"小狐"直升机可以装备多种武器系统，以满足多种地域和地形的需求，如法国军队中服役的AS 555AN系列配有20毫米M621机炮、轻型自动寻的鱼雷和"西北风"导弹，还能配备"派龙"挂架以安装火箭弹发射器。

"雀鹰"无人机

英文名称：Sperwer	
研制国家：法国	
制造厂商：萨基姆公司	
重要型号：Sperwer A/B	
生产数量：130架以上	
服役时间：1999年至今	
主要用户：法国陆军、瑞典陆军、丹麦陆军、荷兰空军	

基本参数	
机身长度	3.5米
机身高度	1.3米
翼展	4.2米
空重	275千克
最大速度	240千米/小时
最大航程	180千米

"雀鹰"无人机是一种战术无人机，可执行战术监视、观察和瞄准等任务，有A型和B型两种型号。"雀鹰"无人机系统配有高效的光电昼/夜用传感器和一系列其他传感器，可进行全面的任务制定和监视，能够将目标图像发回地面指挥控制中心。

"雀鹰"A型可以自动弹射，并在没有事先做准备的地点通过降落伞降落。"雀鹰"B型为无人攻击机，机翼更大也更坚固，能够携带更多的有效载荷，而且续航力和航程也得到加强，武器为以色列研制的"长钉"远程空对地导弹。

Military Aircraft

第 6 章

德国军用飞机

德国是历史上航空工业最为发达的国家之一，在二战中，飞机是德国发动侵略战争的重要工具，航空工业成为主要军火供应部门之一。二战后，德国航空工业的地位大幅下降，但仍具有一定的实力。目前，德国的军用飞机大多是与其他欧洲国家联合研制的。

Bf 109 战斗机

英文名称:	Bf 109
研制国家:	德国
制造厂商:	梅塞施密特公司
重要型号:	Bf 109A/B/C/D/E/G
生产数量:	33984架
服役时间:	1937~1945年
主要用户:	德国空军、西班牙空军、瑞士空军、以色列空军、芬兰空军

基本参数	
机身长度	8.95米
机身高度	2.6米
翼展	9.93米
空重	2247千克
最大速度	640千米/小时
最大航程	850千米

Bf 109战斗机是一种单引擎单座战斗机，采用了当时最先进的空气动力外形，以及可收放的起落架、可开合的座舱盖、下单翼、自动襟翼等装置。该机的实际应用大大超出其设计目标，衍生出包括战斗轰炸机、夜间战斗机和侦察机在内的多种型号。

Bf 109战斗机与1941年开始服役的Fw 190战斗机一起成为德国空军的标准战斗机。最常与Bf 109战斗机一起进行比较的英国"喷火"战斗机，这两款战斗机不仅从大战初期一直较劲到结束，地点也覆盖了西欧、苏联和北非。在整个二战中，德国空军总战果中有一半以上是Bf 109战斗机取得的。

Me 262 战斗机

英文名称:	Me 262
研制国家:	德国
制造厂商:	梅塞施密特公司
重要型号:	Me 262A-1a/A-2a/B-1a
生产数量:	1430架
服役时间:	1944~1945年
主要用户:	德国空军、捷克斯洛伐克空军

Military Aircraft

基本参数	
机身长度	10.6米
机身高度	3.5米
翼展	12.6米
空重	3795千克
最大速度	900千米/小时
最大航程	1050千米

Me 262战斗机是世界上第一种投入实战的喷气式飞机，绰号"雨燕"（Schwalbe）。它是一种全金属半硬壳结构的轻型飞机，流线形机身有一个三角形的截面，机头部位集中配备了4门30毫米机炮和照相枪。近三角形的尾翼呈十字相交于尾部，两台轴流式涡轮喷气发动机的短舱直接安装在后掠下单翼的下方，前三点起落架可收入机内。

Me 262战斗机采用容克公司的尤莫004型涡喷发动机，这在当时是一种革命性的动力装置。虽然燃料的缺乏使得Me 262战斗机未能完全发挥其性能优势，但其采用的诸多革命性设计对各国战斗机的发展产生了重大影响。

He 111 轰炸机

英文名称：	He 111
研制国家：	德国
制造厂商：	亨克尔公司
重要型号：	He 111 A/B/C/D/E
生产数量：	6508架
服役时间：	1935～1945年
主要用户：	德国空军、西班牙空军、土耳其空军、捷克斯洛伐克空军

基本参数	
机身长度	16.4米
机身高度	4米
翼展	22.6米
空重	8680千克
最大速度	440千米/小时
最大航程	2300千米

He 111轰炸机是一种中型轰炸机，其独特的机鼻令它成为德国轰炸机部队的著名象征。二战初期，He 111轰炸机是德国空军轰炸机中装备数量最多的机种，在1940年以前的战役中损失极少。直到不列颠空战时，He 111轰炸机才因防御武器薄弱、速度和灵活性较差而逐渐过时。

He 111轰炸机的动力装置为两台尤莫211F-1/2液冷式活塞发动机，单台功率为986千瓦。该机的固定武器为7挺7.92毫米机枪、1挺13毫米机枪和1门20毫米机炮，并可挂载各式自由落体炸弹。He 111轰炸机的用途广泛，如在不列颠空战期间作为战略轰炸机，在大西洋海战中用作鱼雷轰炸机，在地中海、北非用作中型轰炸机及运输机等。

"狂风"战斗机

英文名称:	Tornado
研制国家:	德国、英国、意大利
制造厂商:	帕那维亚飞机公司
重要型号:	Tornado GR1/GR4/ECR/ADV
生产数量:	992架
服役时间:	1979年至今
主要用户:	德国空军、英国空军、意大利空军、沙特阿拉伯空军

基本参数

机身长度	16.72米
机身高度	5.95米
翼展	13.91米
空重	13890千克
最大速度	2417千米/小时
最大航程	3890千米

　　"狂风"战斗机是一种双引擎可变后掠翼战斗机,其生产商帕那维亚飞机公司由德国梅塞施密特公司、英国宇航公司和意大利阿莱尼亚宇航公司共同成立。该机采用串列式双座、可变后掠悬臂式上单翼设计,后机身内并排安装两台涡轮风扇发动机,进气道位于翼下机身两侧。后机身上部两侧各装有一块减速板,可在高速飞行中使用。

　　"狂风"战斗机有多个型号,其武器也各不相同。固定武器通常是1门27毫米毛瑟BK-27机炮,备弹180发。机身和机翼下的7个挂架可根据需要挂载各种导弹、炸弹和火箭弹等,包括AIM-9空对空导弹、AIM-132空对空导弹、AGM-65空对地导弹、"暴风影"空对面导弹、"铺路"系列制导炸弹、B61核弹等。

▲ "狂风"战斗机准备起飞

▼ "狂风"战斗机在高空飞行

"台风"战斗机

英文名称:	Typhoon
研制国家:	德国、英国、意大利、西班牙
制造厂商:	欧洲战斗机联合体
重要型号:	Typhoon T1/F2/FGR4
生产数量:	590架以上
服役时间:	2003年至今
主要用户:	德国空军、英国空军、意大利空军、西班牙空军

基本参数

机身长度	15.96米
机身高度	5.28米
翼展	10.95米
空重	11000千克
最大速度	2495千米/小时
最大航程	2900千米

　　"台风"战斗机是一种双引擎多功能战斗机,采用鸭式三角翼无尾式布局,矩形进气口位于机身下。这一布局使得其具有优秀的机动性,但是隐身能力则相应被削弱。该机广泛采用碳素纤维复合材料、玻璃纤维增强塑料、铝锂合金、钛合金和铝合金等材料制造,复合材料占全机比例约40%。

　　"台风"战斗机是世界上少数可以在不开后燃器的情况下超音速巡航的量产战斗机,其动力装置为两台欧洲喷气涡轮公司的EJ200涡扇发动机,性能非常出色。该机便于组装,集隐身性、高效能和先进航空电子于一体,不仅空战能力较强,还拥有不错的对地作战能力,可使用各种精确对地武器。与其他同级战机相比,"台风"战斗机也更具智能化,可有效降低飞行员的工作量,提高作战效能。

▲ "台风"战斗机准备起飞

▼ "台风"战斗机在高空机动

A310 MRTT 空中加油机

英文名称：A310 MRTT
研制国家：德国、法国、英国
制造厂商：空中客车公司
重要型号：A310 MRTT
生产数量：6架
服役时间：2004年至今
主要用户：德国空军、加拿大空军

基本参数	
机身长度	47.4米
机身高度	15.8米
翼展	43.9米
空重	113999千克
最大速度	978千米/小时
最大航程	8889千米

A310 MRTT加油机是在空中客车公司的A310-300客机基础上改装而来的空中加油机，其改装工作由空中客车德国分公司和汉莎航空技术公司联合完成。A310 MRTT加油机的空中加油系统由机翼吊舱和控制设备组成。机翼两侧下方分别挂载有一个Mk 32B-907加油吊舱，其内部装有一根23米长的加油软管和漏斗形接头。

按照设计目标，A310 MRTT加油机将担负空中加油、空中运输、医疗救护和重要人员运输等诸多任务，但主要还是执行空中加油任务。该机每分钟输送燃油1500升，可以同时为两架作战飞机加油，实施加油操作过程中没有飞行包线限制。A310 MRTT加油机在最大航程期间，可以为作战飞机加注33吨燃油，或者在飞行1850千米航程、在指定空域巡航2小时期间，为作战飞机加注40吨燃油。

A330 MRTT 加油运输机

英文名称:	A330 MRTT
研制国家:	德国、法国、英国
制造厂商:	空中客车公司
重要型号:	A330 MRTT
生产数量:	60架以上
服役时间:	2011年至今
主要用户:	英国空军、法国空军、沙特阿拉伯空军、澳大利亚空军、新加坡空军

基本参数	
机身长度	58.8米
机身高度	17.4米
翼展	60.3米
空重	125000千克
最大速度	880千米/小时
最大航程	14800千米

A330 MRTT加油运输机是在A330-200客机基础上改进而来的空中加油机，配备通用电气CF6-80E1发动机，装有自卫电子战设备。A330 MRTT所有的燃油都装在位于机翼吊舱和机尾的油箱里，没有占用客货舱的空间。该机在左右机翼下各配置一套为战斗机加油的软式锥形套管，在后机身下还设一套为大型飞机加油的硬式伸缩套管。

A330 MRTT机翼内油箱的最大载油量达到了111吨，比KC-767A加油机还多50%以上，因此无需增加任何附加油箱，仅仅安装必要的管路系统和控制设备即可具备充足的空中加油能力。A330 MRTT可以在飞行4000千米期间，为6架战斗机空中加油，并运送43吨货物，或者可以在飞行1850千米、预定空域巡航2小时期间，为作战飞机加注68吨燃油。

A400M
"阿特拉斯"运输机

英文名称：	A400M Atlas
研制国家：	法国、德国、英国、西班牙等
制造厂商：	空中客车公司
重要型号：	A400M
生产数量：	178架（计划）
服役时间：	2013年至今
主要用户：	法国空军、德国空军、英国空军等

基本参数	
机身长度	45.1米
机身高度	14.7米
翼展	42.4米
空重	78600千克
最大速度	882千米/小时
最大航程	8700千米

A400M"阿特拉斯"运输机是一种兼具战略和战术运输能力的多用途运输机，配备四台涡轮螺旋桨发动机。与大多数运输机不同，A400M运输机的货舱截面设计为近乎方形，总体积达340立方米。这种方形货舱设计不仅增加了有效容积，还降低了货舱地板与地面之间的距离，从而极大地方便了装卸作业。A400M运输机的后舱门采用上下两扇式设计，上舱门向内收起，下舱门向外放下形成一条货物装卸斜坡，进一步优化了装卸效率。除后舱门外，机尾侧面还设有两个侧舱门，提高了伞兵跳伞的效率。

A400M运输机不仅可以接受空中加油，还配备了内置加油管路，能够为其他飞机提供空中加油服务。此外，该机能够适应包括砂砾、石子在内的多种跑道条件，展现出极高的可靠性和环境适应性。

BO 105 通用直升机

英文名称：	BO 105
研制国家：	德国
制造厂商：	伯尔科夫公司
重要型号：	BO 105A/C/D/P/M
生产数量：	1500架以上
服役时间：	1970年至今
主要用户：	德国陆军、西班牙陆军、印度尼西亚陆军、菲律宾海军

Military Aircraft

基本参数	
机身长度	11.86米
机身高度	3米
旋翼直径	9.84米
空重	1276千克
最大速度	242千米/小时
最大航程	575千米

  BO 105直升机是一种双引擎多用途直升机，被全球四十余个国家和地区采用。机身为普通半硬壳式结构，座舱前排为正、副驾驶员座椅，座椅上有安全带和自动上锁的肩带。后排座椅可坐3～4人，座椅拆除后可装两副担架或货物。座椅后和发动机下方的整个后机身都可用于装载货物和行李，货物和行李的装卸通过后部两个蚌壳式舱门进行。机舱每侧都有一个向前开的铰接式可抛投舱门和一个向后的滑动门。

  BO 105直升机可携带"霍特"或"陶"式反坦克导弹，还可选用7.62毫米机枪、20毫米RH202机炮以及无控火箭弹等武器。空战时，还可使用R550"魔术"空对空导弹。

"虎"式武装直升机

英文名称：Tiger
研制国家：德国、法国、西班牙
制造厂商：欧洲直升机公司
重要型号：Tiger HAP/HAD/ARH
生产数量：200架以上
服役时间：2003年至今
主要用户：德国陆军、法国陆军、西班牙陆军、澳大利亚陆军

基本参数	
机身长度	14.08米
机身高度	3.83米
旋翼直径	13米
空重	3060千克
最大速度	315千米/小时
最大航程	800千米

"虎"式直升机是一种双引擎武装直升机，机身较短、大梁短粗。机头呈四面体锥形前伸，座舱为纵列双座，驾驶员在前座，炮手在后座，与目前所有其他武装直升机相反。座椅分别偏向中心线的两侧，以提升在后座的炮手的视野。机身两侧安装短翼，外段内扣下翻，各有两个外挂点。两台发动机置于机身两侧，每台前后各有一个排气口。起落架为后三点式轮式。机体广泛采用复合材料，隐身性能较佳。

"虎"式直升机装有1门30毫米机炮，另可搭载8枚"霍特"2或新型PARS-LR反坦克导弹、4枚"毒刺"或"西北风"红外寻的空对空导弹。此外，还有两具22发火箭吊舱。该机的机载设备较为先进，视觉、雷达、红外线、声音信号都减至最低水平。

▲ 停机坪中的"虎"式直升机

▼ "虎"式直升机在高空飞行

NH90 通用直升机

英文名称：NH90
研制国家：德国、法国、意大利、荷兰
制造厂商：北约直升机工业公司
重要型号：NH90 NFH/TTH
生产数量：500架以上
服役时间：2007年至今
主要用户：德国陆军、法国陆军、意大利陆军、荷兰陆军、葡萄牙陆军

基本参数	
机身长度	16.13米
机身高度	5.23米
旋翼直径	16.3米
空重	6400千克
最大速度	300千米/小时
最大航程	800千米

NH90直升机是一种中型通用直升机，为能在未来严酷的作战环境中担负多种任务，采用了大量高科技。机身由全复合材料制成，隐形性好，抗冲击能力较强。4片桨叶旋翼和无铰尾桨也由复合材料制成，并采用了弹性轴承，可抵御23毫米炮弹攻击。油箱采用了最先进的自封闭式设计，被击中后不容易起火。

NH90直升机的动力装置为两台RTM322-01/9涡轮轴发动机，单台功率为1600千瓦。该机有足够的空间装载各种设备，或安置20名全副武装士兵的座椅，通过尾舱门跳板还可运载2000千克级战术运输车辆。NH90直升机还可携带反舰导弹执行反舰任务，或为其他平台发射的反舰导弹实施导引或中继。

▲ NH90直升机在高空飞行

▼ NH90直升机准备降落

"月神"无人机

英文名称:	Luna
研制国家:	德国
制造厂商:	EMT公司
重要型号:	Luna X-2000
生产数量:	140架以上
服役时间:	2000年至今
主要用户:	德国陆军

Military Aircraft ★★★

基本参数

机身长度	2.36米
翼展	4.17米
最大起飞重量	40千克
最大速度	70千米/小时
续航时间	6小时
使用范围	100千米

"月神"无人机是一种全天候轻型无人侦察机,机首下方装有开放式光电传感模块,可以同步传输高分辨率图像(可见光或红外),以便地面操控台在第一时间获得战场情报。为了免遭电子干扰的影响,"月神"无人机不仅能在地面操控台的遥控下飞行,也内置有自动飞行功能,能根据事前设定的导航点自动执行侦察任务。此外,该机还能加装核生化探测、电子信号截收、电子战等装备。

"月神"无人机在设计上特别强调野战操作的方便性,为了省去额外的起降作业需求,采用了结构非常简单的拉索弹射系统,只需要军用轮式越野车的标准24伏电力供应就能操作,而在返航时,"月神"无人机则是利用拦阻网直接拦停回收,省去了额外加装降落伞或是落地需要跑道的问题。

"阿拉丁"无人机

英文名称:	Aladin
研制国家:	德国
制造厂商:	EMT公司
重要型号:	Aladin A
生产数量:	320架以上
服役时间:	2003年至今
主要用户:	德国陆军

基本参数	
机身长度	1.53米
机身高度	0.36米
翼展	1.46米
空重	3.2千克
最大速度	90千米/小时
续航时间	60分钟

"阿拉丁"无人机是一种小型无人侦察机,由于研制过程中借鉴了"月神"无人机的设计经验,所以"阿拉丁"无人机的研制时间很短。一个完整的"阿拉丁"无人机系统主要由1架无人机和1个地面控制站组成,操作人员为1~2名。

"阿拉丁"无人机通常与"非洲小孤"侦察车配合使用,以执行近距离侦察任务。在不使用时,"阿拉丁"无人机通常被拆解并装在箱子里,方便携带。如果要使用"阿拉丁"无人机系统,操作人员可在数分钟内完成无人机的组装,然后采用手抛或弹射索发射升空。

Military Aircraft 第 7 章

其他国家军用飞机

除了美国、苏联/俄罗斯、英国、法国和德国等传统航空强国,世界上还有不少在航空工业上有所建树的国家,如瑞典、以色列、意大利和日本等,这些国家生产的军用飞机中不乏性能优异的产品。

AMX 攻击机

英文名称：AMX	
研制国家：意大利、巴西	
制造厂商：AMX国际公司	
重要型号：AMX-T/ATA/R、A-11A/B	
生产数量：200架以上	
服役时间：1989年至今	
主要用户：意大利空军、巴西空军	

基本参数	
机身长度	13.23米
机身高度	4.55米
翼展	8.87米
空重	6700千克
最大速度	914千米/小时
最大航程	3336千米

AMX攻击机是一种单引擎单座轻型攻击机，采用常规布局，有一对前缘后掠角27.5度的后掠矩形上单翼和后掠平尾。机翼配备了全翼展前缘襟翼，副翼内侧是面积很大的双缝富勒襟翼，机翼上表面还配备了两块扰流板，可作为气动刹车使用。该机的一大特点就是全机的高冗余度：电气、液压和电子设备几乎都采用双重体制。除了垂尾和升降舵采用复合材料外，AMX攻击机绝大部分结构材料采用普通航空铝合金。

AMX攻击机主要用于近距空中支援、对地攻击、对海攻击及侦察任务，并有一定的空战能力。该机具备高亚音速飞行和在高海拔地区执行任务的能力，设计时还考虑了隐身性。AMX攻击机的动力装置为一台劳斯莱斯"斯贝"Mk 807发动机，意大利版装有1门20毫米M61A1机炮，巴西版装有1门30毫米"德发"机炮，两种版本都可携带空对空导弹。

MB-339 教练/攻击机

英文名称:	MB-339
研制国家:	意大利
制造厂商:	阿莱尼亚·马基公司
重要型号:	MB-339A/B/C/K
生产数量:	230架以上
服役时间:	1979年至今
主要用户:	意大利空军、马来西亚空军、尼日利亚空军、秘鲁空军

基本参数

机身长度	10.97米
机身高度	3.6米
翼展	10.86米
空重	3075千克
最大速度	898千米/小时
最大航程	1760千米

MB-339教练/攻击机是一种单引擎教练/攻击机,主要型别包括MB-339A双座串列教练/攻击机、MB-339B高级喷气教练机(增加了近距空中支援能力)、MB-339K单座对地攻击机、MB-339C教练/近距空中支援机,各个型号的外形结构差别不大。

MB-339教练/攻击机采用常规气动外形布局,机身为全金属半硬壳结构。驾驶舱为增压座舱,串列双座,后座比前座更高,这样前后座均有良好的视界。该机的动力装置为一台劳斯莱斯"毒蛇"Mk 632发动机,机身上没有安装固定武器。MB-339教练/攻击机有6个外挂点,共可挂载1800千克武器,包括小型机枪吊舱、集束炸弹、火箭弹、空对空导弹和反舰导弹等。

"猫鼬"武装直升机

英文名称：	Mangusta
研制国家：	意大利
制造厂商：	阿古斯塔公司
重要型号：	A129A/C/D、T129
生产数量：	60架以上
服役时间：	1983年至今
主要用户：	意大利陆军、土耳其陆军

基本参数	
机身长度	12.28米
机身高度	3.35米
旋翼直径	11.9米
空重	2530千克
最大速度	278千米/小时
最大航程	1000千米

"猫鼬"武装直升机是一种双引擎武装直升机，采用现代武装直升机的常规布局，机身为铝合金大梁和构架组成的常规半硬壳式结构，中部机身和油箱部位由蜂窝板制成。机身装有悬臂式短翼，为复合材料制造。该机采用串列双座式座舱，副驾驶/射手在前，飞行员在较高的后舱内，均配有坠机能量吸收座椅。

"猫鼬"武装直升机在4个外挂点上可携带1200千克外挂物，通常携带8枚"陶"式反坦克导弹、2挺机枪（机炮）或81毫米火箭发射舱。另外，"猫鼬"武装直升机也具备携带"毒刺"空对空导弹的能力。该机的动力装置为两台劳斯莱斯"宝石"2-1004D发动机，单台额定功率为772千瓦。

AW249"凤凰"武装直升机

英文名称：	AW249 Fenice
研制国家：	意大利
制造厂商：	莱昂纳多公司
重要型号：	AW249
生产数量：	尚未量产
服役时间：	尚未服役
主要用户：	意大利陆军

基本参数	
机身长度	17.63米
机身高度	4.26米
翼展	14.6米
最大起飞重量	8300千克
最大速度	287千米/小时
最大航程	796千米

　　AW249"凤凰"武装直升机是一种双发双座武装直升机,于2022年8月成功完成首飞。与A129"猫鼬"武装直升机相比,AW249武装直升机在机动性、飞行稳定性和续航能力方面均有显著提升。

　　AW249武装直升机采用主流的阶梯型串列座舱布局,并融入多项降低可探测性的设计改进,有效减少了雷达和红外特征。这些改进使AW249武装直升机在执行隐蔽任务时更难被敌方发现和追踪,显著提升了其作战效能。机头配备先进的光电转塔,增强了目标识别与追踪能力。座舱采用加厚防弹玻璃和加固结构,大幅提升了防弹性能。此外,AW249武装直升机具备出色的武器挂载能力,机身两侧短翼下各设有两个挂点,可携带20毫米机炮吊舱、制导火箭弹及非制导火箭弹等多种弹药。

"鹰狮"战斗机

英文名称：Gripen
研制国家：瑞典
制造厂商：萨博公司
重要型号：JAS 39A/B/C/D/E/F
生产数量：300架以上
服役时间：1997年至今
主要用户：瑞典空军、南非空军、捷克空军、匈牙利空军

基本参数	
机身长度	14.1米
机身高度	4.5米
翼展	8.4米
空重	6620千克
最大速度	2204千米/小时
最大航程	3200千米

　　"鹰狮"战斗机是一种全天候单座战斗机，采用鸭翼（前翼）与三角翼组合而成的近距耦合鸭式布局，机身广泛采用复合材料。三角翼带有前缘襟翼和前缘锯齿，全动前翼位于矩形涵道的两侧，没有水平尾翼。机翼和前翼的前缘后掠角分别为45度和43度。座舱盖为水滴形，单片式曲面风挡玻璃。座椅向后倾斜28度，类似美制F-16战斗机。

　　"鹰狮"战斗机优秀的气动性能使其能在所有高度上实现超音速飞行，并具备较强的短距起降能力。该机的固定武器是1门27毫米机炮，机身7个外挂点可以挂载AIM-9空对空导弹、"魔术"空对空导弹、AIM-120空对空导弹、AGM-65空对地导弹、GBU-12制导炸弹、Bk 90集束炸弹等武器。

▲ "鹰狮"战斗机在高空飞行

▼ "鹰狮"战斗机挂载的武器

"雷"式战斗机

英文名称:	Viggen
研制国家:	瑞典
制造厂商:	萨博公司
重要型号:	AJ37、SF37、SH37、SK37、JA37
生产数量:	329架
服役时间:	1971~2005年
主要用户:	瑞典空军

基本参数	
机身长度	16.4米
机身高度	5.9米
翼展	10.6米
空重	9500千克
最大速度	2231千米/小时
最大航程	2000千米

　　"雷"式战斗机是一种按照"一机多型"思想设计的多用途战机,前后共有6种型别,分别承担攻击、截击、侦察和训练等任务。AJ37、SF37、SH37和SK37属于第一代设计,JA37和AJS37属于第二代设计。"雷"式战机采用三角形下单翼鸭式布局,发动机从机身两侧进气。该机的十多个舱门大多分布在机身下方,所有的维护点在地面上均可接近。

　　AJ37是对地攻击型,但也能执行有限的截击任务;SH37是侦察/海上攻击型,配备了PS-371/F火控雷达;SF37是照相侦察型,配备了7部照相机和数据记录装置;SK37是双座教练型,其火控设备与AJ37基本相同;JA37是截击型,配有EP-12电子显示装置、CD107数字式中央计算机和PS-46/A多功能攻击雷达;AJS37是由AJ37改造而来的过渡性机型,用来填补"鹰狮"战斗机服役前的作战需要。

"幼狮"战斗机

英文名称:	Kfir
研制国家:	以色列
制造厂商:	以色列航空工业公司
重要型号:	Kfir C1/2/7/9/10/12
生产数量:	220架以上
服役时间:	1976年至今
主要用户:	以色列空军、哥伦比亚空军、斯里兰卡空军

基本参数	
机身长度	15.65米
机身高度	4.55米
翼展	8.22米
空重	7285千克
最大速度	2440千米/小时
最大航程	3232千米

"幼狮"战斗机是以色列在法国"幻影"系列战斗机("幻影"Ⅲ战斗机和"幻影"5战斗轰炸机)基础上研制的单引擎单座战斗机,机身采用全金属半硬壳结构,前机身横截面的底部比"幻影"5更宽更平。机头锥用以色列国产的复合材料制成,从C2型开始在机头锥靠近尖端的两侧各装有一小块水平边条,这个边条可以有效改善偏航时的机动性能和大迎角时机头上的气流。前机身下的前轮舱的前方装有超高频天线。

"幼狮"战斗机保留了"幻影"系列战斗机作为标准装备的2门30毫米"德发"机炮,并能携带各种外挂武器。该机共有9个外挂点,5个在机身下,4个在两侧机翼下,可挂载包括"谢夫里"空对空导弹和LUZ-1空对地导弹在内的多种武器。

"费尔康"预警机

英文名称:	Phalcon
研制国家:	以色列
制造厂商:	以色列航空工业公司
重要型号:	EL/M-2075
生产数量:	20架以上
服役时间:	1994年至今
主要用户:	以色列空军、智利空军

基本参数	
机身长度	48.41米
机身高度	12.93米
翼展	44.42米
空重	80000千克
最大速度	880千米/小时
最大航程	8500千米

"费尔康"预警机是世界上第一种相控阵雷达预警机。与一般预警机背着一个巨大雷达天线罩的外形明显不同,"费尔康"预警机在设计上提出了一种"环"式预警机的全新概念,它以电扫描相控阵雷达取代了以往预警机的机械扫描预警雷达,甩掉了机身的雷达天线罩,在机鼻、机尾和机身两侧,加装了自行研制的"费尔康"相控阵雷达,堪称现代预警机技术的重大突破。

"费尔康"预警机采用了先进的电扫描技术,具有重量轻、造价低、可靠性高的特点。该机的主要探测设备为EL/M-2075主动相控阵雷达,工作频率为40~60吉赫,介于S波段与VHF波段之间,对战斗机、攻击机的探测距离为370千米,对其他更小的固定翼飞机的探测距离为360千米,对直升机的探测距离为180千米。

"侦察兵"无人机

英文名称：	Scout
研制国家：	以色列
制造厂商：	以色列航空工业公司
重要型号：	Scout A
生产数量：	500架以上
服役时间：	1977年至今
主要用户：	以色列空军、新加坡空军、南非空军、瑞士空军

基本参数	
机身长度	3.68米
翼展	4.96米
有效载荷	38千克
最大起飞重量	159千克
最大速度	176千米/小时
续航时间	7小时

"侦察兵"无人机是一种无人侦察机，其机载设备包括塔曼电视摄像机、激光指示/测距仪、全景照相机和热成像照相机等。该机的机体大量采用复合材料制造，可以利用起落架起落，也可弹射起飞，用拦阻索着陆。

"侦察兵"无人机在1600米上空盘旋时，地面人员无法通过肉眼发现，该机还有噪声处理装置，再加上飞行速度也较快，所以隐蔽性非常优秀。"侦察兵"无人机在1982年以军发动的"加利利和平"行动中以及战后都有使用，用于在叙利亚和黎巴嫩上空进行侦察。

"苍鹭"无人机

英文名称：	Heron
研制国家：	以色列
制造厂商：	以色列航空工业公司
重要型号：	Heron 1/TP
生产数量：	300架以上
服役时间：	2007年至今
主要用户：	以色列空军、土耳其空军、印度空军、澳大利亚空军

基本参数	
机身长度	8.5米
翼展	16.6米
有效载荷	250千克
最大起飞重量	1150千克
最大速度	207千米/小时
续航时间	52小时

  "苍鹭"无人机是一种大型高空战略长航时无人机，也是目前以色列空军最大的无人机，翼展超过15米。该机采用复合材料结构、整体油箱机翼和可收放式起落架，空气动力设计比较先进。动力装置为一台四冲程活塞发动机，功率为74.6千瓦。澳大利亚曾租用"苍鹭"无人机用于阿富汗作战，以支持部署在阿富汗的国际安全援助部队。

  "苍鹭"无人机的设计用途为实时监视、电子侦察和干扰、通信中继和海上巡逻等。它可携带光电/红外等侦察设备进行搜索、识别和监控，而且还能用于地质测量、环境监控和森林防火等。该机的数据实时传输距离在有中继时可达1000千米，其大型机舱可根据任务需要换装不同的设备。该机装有大型监视雷达，可同时跟踪32个目标。"苍鹭"无人机采用轮式起飞和着陆方式，飞行中则由预先编好的程序控制。

"巨嘴鸟" 教练/攻击机

英文名称：Tucano
研制国家：巴西
制造厂商：巴西航空工业公司
重要型号：EMB-312A/F/S/H
生产数量：624架
服役时间：1983年至今
主要用户：巴西空军、法国空军、阿根廷空军

基 本 参 数	
机身长度	9.86米
机身高度	3.4米
翼展	11.14米
空重	1810千克
最大速度	458千米/小时
最大航程	1916千米

"巨嘴鸟"教练/攻击机是一种初级教练/攻击机，在制造上采用数控整体机械加工、化学铣切和金属胶接等先进工艺技术，采用梯形下单翼、串列双座驾驶舱、吹制成型座舱罩，动力装置为一台普惠PT6A-25C涡轮螺旋桨发动机，功率为552千瓦。

"巨嘴鸟"教练/攻击机的机动性较好，具有较高的安定性，能在简易跑道上短距起落。该机除能满足美国联邦航空条例第23部附录A的要求外，还满足美国军用规范和英国民航机适航性要求第K章的要求。该机没有安装固定武器，4个挂载点的最大载弹量为1000千克，典型武器为Mk 81型113千克炸弹、火箭吊舱、机枪吊舱、教练弹。

"超级巨嘴鸟" 教练/攻击机

英文名称:	Super Tucano
研制国家:	巴西
制造厂商:	巴西航空工业公司
重要型号:	EMB-314A/B
生产数量:	200架以上
服役时间:	2003年至今
主要用户:	巴西空军、智利空军、哥伦比亚空军、厄瓜多尔空军

基本参数

机身长度	11.38米
机身高度	3.97米
翼展	11.14米
空重	3200千克
最大速度	590千米/小时
最大航程	1330千米

"超级巨嘴鸟"教练/攻击机是一种轻型教练/攻击机,由"巨嘴鸟"教练/攻击机改进而来。该机在设计过程中运用了多种最新的航空技术成果:其驾驶舱周围安装有"凯芙拉"装甲,还配备了先进的机载计算机、雷达和红外传感器。该机采用常规半硬壳结构机身、悬臂式下单翼和前三点式起落架,动力装置为一台普惠PT6A-68C涡轮螺旋桨发动机,功率为1196千瓦。

"超级巨嘴鸟"教练/攻击机的固定武器为2挺12.7毫米机枪,5个外挂点可挂载1550千克的外部载荷,每个外挂点都有一个存储接口装置,用于识别装载的武器和所处的状态。该机可挂载常规炸弹、火箭弹等武器,后期又增加了使用激光制导炸弹的能力。

"猎豹"战斗机

英文名称：Cheetah
研制国家：南非
制造厂商：阿特拉斯公司
重要型号：Cheetah C/D/E/R
生产数量：70架以上
服役时间：1986年至今
主要用户：南非空军、智利空军、厄瓜多尔空军

基本参数	
机身长度	15.55米
机身高度	4.5米
翼展	8.22米
空重	6600千克
最大速度	2350千米/小时
最大航程	1300千米

  "猎豹"战斗机是南非在法国"幻影"Ⅲ战斗机基础上改进而来的单引擎战斗机。该机明显加长了机鼻，其他气动布局方面的修改包括：机鼻两侧装上了与以色列"幼狮"战斗机一样的小边条，可以避免"高攻角"时脱离偏航；一对固定在进气道的三角鸭翼，锯齿形外翼前缘，以及代替前缘翼槽的短翼刀。机体结构上的修改着重于延长主翼梁的最低寿命。

  "猎豹"战斗机的动力装置为一台斯奈克玛"阿塔"9K50C-11涡轮喷气发动机，固定武器为2门30毫米"德发"机炮，还可挂载4400千克炸弹、火箭弹以及空对空导弹等武器。在电子设备方面，"猎豹"战斗机使用新的导航和武器投射系统，增加箔条/曳光弹投放器和电子对抗系统。

"石茶隼"武装直升机

英文名称：Rooivalk
研制国家：南非
制造厂商：阿特拉斯公司
重要型号：Rooivalk Mk 1
生产数量：15架以上
服役时间：2011年至今
主要用户：南非空军

基本参数	
机长	18.73米
机高	5.19米
旋翼直径	15.58米
空重	5730千克
最大速度	309千米/小时
最大航程	1200千米

　　"石茶隼"直升机是一种双引擎武装直升机，其机身细长，驾驶舱为纵列阶梯式，机组为飞行员、射击员两人。该机采用后三点跪式起落架，使直升机能在斜坡上着陆，增强了耐坠毁能力。两台涡轮轴发动机安装在机身肩部，可提高抗弹性。前视红外、激光测距等探测设备位于机头下方的转塔内。

　　"石茶隼"直升机装有1门20毫米GA机炮。每个后掠式短翼装有3个挂架，两个内侧挂架可挂载68毫米火箭发射器，两个外侧挂架能挂容量为330升的可抛投油箱或ZT-3"蛇鹈"激光制导反坦克导弹，两个翼尖挂架则各能挂1枚V3B"短刀"红外制导短距空对空导弹，在飞行员的头盔瞄准具不对准目标的情况下也可发射并击中目标。

"普卡拉"攻击机

英文名称:	Pucará
研制国家:	阿根廷
制造厂商:	阿根廷航空工厂
重要型号:	IA-58A/B/C/D
生产数量:	110架以上
服役时间:	1975年至今
主要用户:	阿根廷空军、哥伦比亚空军、乌拉圭空军、斯里兰卡空军

Military Aircraft ★★☆

基本参数	
机身长度	14.25米
机身高度	5.36米
翼展	14.5米
空重	4020千克
最大速度	500千米/小时
最大航程	3710千米

"普卡拉"攻击机是一种轻型攻击机,是少数使用涡轮螺旋桨动力的现代攻击机。在英阿马岛战争中,"普卡拉"攻击机在战场上非常活跃。这种速度缓慢、看似落后的螺旋桨式飞机,创造了令人刮目相看的战绩,但自身损失也非常严重。

"普卡拉"攻击机的低单翼宽大平直,没有后掠角。两台透博梅卡"阿斯泰阻"发动机安装在机翼上小巧的发动机舱内,各驱动一个三叶螺旋桨。机身内有两个油箱,机翼内段各有一个机翼油箱。该机的机身较为狭窄,为半硬壳结构,两名飞行员能得到装甲座舱的保护,并有良好的武器射击视野。该机的机载武器为2门20毫米7管机炮,每门备弹270发。另有4挺7.62毫米机枪布置在座舱两侧,各备弹900发。全机共有3个外挂点,最大载弹量为1500千克。

"彭巴" 教练/攻击机

英文名称：Pampa
研制国家：阿根廷
制造厂商：阿根廷航空工厂
重要型号：IA-63、AT-63
生产数量：40架以上
服役时间：1988年至今
主要用户：阿根廷空军

基本参数	
机身长度	10.93米
翼展	4.29米
最大起飞重量	9.69米
巡航速度	2821千克
最大速度	819千米/小时
使用范围	1500千米

"彭巴"教练/攻击机是一种单引擎喷气式教练/攻击机，教练机型为IA-63，攻击机型为AT-63。该机的机身为全金属半硬壳式结构，驾驶舱为典型的纵列双座设计。机身后方左右各有一块油压推动的减速板，机翼为直线形上单翼，并有一定下反角。

"彭巴"教练/攻击机的固定武器为1门30毫米机炮，机身和机翼下共有5个外挂点，可挂载各类武器，包括空对空导弹、空对地导弹、常规炸弹、折叠翼机载火箭吊舱、机枪吊舱等，并可挂载副油箱以加大航程。该机的动力装置为一台盖瑞特TFE731-2-2N发动机，机身可载418升燃料，机翼内部可载550升燃料。

"零"式战斗机

英文名称：Zero
研制国家：日本
制造厂商：三菱重工
重要型号：A6M1/2/3/4/5/6/7/8
生产数量：10939架
服役时间：1940~1945年
主要用户：日本海军

基本参数	
机身长度	9.06米
机身高度	3.05米
翼展	12米
空重	1680千克
最大速度	660千米/小时
最大航程	3105千米

　　"零"式战斗机是日本在二战期间装备的主力舰载战斗机。在战争初期，该机以转弯半径小、速度快、航程远等特点压倒美军战斗机。但到战争中期，"零"式战斗机的弱点被研究出来，并随着P-51"野马"、F-4U"海盗"、F-6F"地狱猫"等高性能战斗机的大批量投入战场，"零"式战斗机的优势逐渐失去。到了战争末期，"零"式战斗机成为"神风特攻队"自杀攻击的主要机种。

　　"零"式战斗机设计成功的一个关键因素是日本住友金属有限公司当时合成了一种硬度极高的超级铝合金，因此"零"式战斗机设计时就采用了很细的飞机框架，并且敢于在上面钻孔减重，此外铆钉尺寸也非常小，在保证战机强度的情况下大大减轻了飞机重量。

F-1 战斗机

基本参数	
机身长度	17.85米
机身高度	4.45米
翼展	7.88米
空重	6358千克
最大速度	1700千米/小时
最大航程	2870千米

英文名称:	F-1
研制国家:	日本
制造厂商:	三菱重工
重要型号:	FS-T2-Kai、F-1
生产数量:	77架
服役时间:	1978~2006年
主要用户:	日本航空自卫队

  F-1战斗机是日本在二战以后设计的第一种战斗机，采用普通全金属半硬壳式机身结构，机身结构重量的10%为钛合金，主要位于发动机舱。该机使用液压收放前三点式起落架，主起落架采用超高压无内胎轮胎，向前收入机身。前起落架可转向72度，也采用超高压无内胎轮胎，向后收入机身。前后均为单轮，有油气减震器、液压刹车和防滑装置。

  F-1战斗机装有1门20毫米JM61A1机炮，另有5个外挂点，可挂载副油箱、炸弹、火箭、导弹等，总载弹量为2710千克。动力装置为两台TF40-IHI-801A涡扇发动机。F-1战斗机典型的作战任务为携带2枚ASM-1反舰导弹及一个830千克副油箱进行反舰任务，作战半径为550千米。所有任务中，几乎都会在翼尖挂架上挂2枚AIM-9空对空导弹。

F-2 战斗机

英文名称：F-2
研制国家：日本、美国
制造厂商：三菱重工、洛克希德·马丁公司
重要型号：F-2A/B
生产数量：98架
服役时间：2000年至今
主要用户：日本航空自卫队

基本参数	
机身长度	15.52米
机身高度	4.96米
翼展	11.13米
空重	9527千克
最大速度	2469千米/小时
作战半径	834千米

F-2战斗机是以美国F-16C/D战斗机为蓝本设计的战斗机，其动力设计、外形和武器等方面都吸取了后者的不少优点。但为了突出日本国土防空的特点，该机又进行了多处改进，包括采用先进的材料和构造技术，使F-2机身前部加长，从而能够搭载更多的航空电子设备。该机配有全自动驾驶系统，机翼大量采用吸波材料以降低雷达探测特征等。

F-2战斗机配备了J/APG-1机载主动相控阵雷达，这种雷达在服役初期由于日本在软件整合能力方面的欠缺，导致其性能不稳定。F-2战斗机最初的主要任务为对地与反舰等航空支援任务，因此航空自卫队将其划为支援战斗机。后期换装J/APG-2雷达之后，F-2战斗机凭借先进的电子战系统和雷达，在空对空作战中也有不错的表现。

▲ F-2战斗机准备起飞

▼ F-2战斗机在高空飞行

P-1 海上巡逻机

英文名称：P-1
研制国家：日本
制造厂商：川崎重工业
重要型号：P-1
生产数量：约30架
服役时间：2013年至今
主要用户：日本海上自卫队

基本参数	
机身长度	38米
机身高度	12.1米
翼展	35.4米
最大起飞重量	79700千克
最大速度	996千米/小时
最大航程	8000千米

P-1海上巡逻机是一种四发海上巡逻机，旨在替代老旧的美制P-3C反潜巡逻机。该机的服役提升了日本海上自卫队的反潜和反舰作战能力，使其能够更快速地抵达目标区域，并有效扩大了作战半径。

P-1海上巡逻机机体细长，配备四台IHI F7-10涡轮风扇发动机。该机搭载了HPS-106主动相控阵雷达，采用氮化镓半导体技术，大幅提升了对海面小型目标的探测能力。机腹设有30个声呐浮标投放口，并配备了磁异探测器、红外线传感器和电子支援侦察系统。P-1海上巡逻机的机腹内置弹舱可容纳制导鱼雷和反潜炸弹，主翼下最多可挂载8枚反舰导弹，兼具反潜与反水面作战能力。此外，P-1海上巡逻机还采用了光纤线传飞控系统，具备对电磁脉冲的免疫能力，且重量更轻。

"忍者"武装侦察直升机

英文名称:	Ninja
研制国家:	日本
制造厂商:	川崎重工
重要型号:	OH-1、AH-2
生产数量:	38架
服役时间:	2000年至今
主要用户:	日本陆上自卫队

基本参数

机身长度	12米
机身高度	3.8米
旋翼直径	11.6米
空重	2450千克
最大速度	278千米/小时
最大航程	540千米

"忍者"直升机是一种轻型武装侦察直升机，使用了大量复合材料，采用日本航空工业的4片碳纤维复合材料桨叶/桨毂、无轴承/弹性容限旋翼和涵道尾桨等最新技术。纵列式座舱内装有其他武装直升机少有的平视显示器。尾桨有8片桨叶，呈非对称布置，降低噪声并减轻了振动。据称，"忍者"直升机飞行表演时发出的声响明显小于美国AH-1武装直升机。

"忍者"直升机装有1门20毫米M197加特林机炮，短翼下可挂载4枚东芝91型空对空导弹，或2000千克的其他武器，如"陶"式重型反坦克导弹和70毫米火箭发射器等。该机的动力装置为两台三菱XTS1-10涡轮轴发动机，功率为660千瓦。

第 7 章 其他国家军用飞机

▲ "忍者"直升机在低空飞行

▼ "忍者"直升机侧前方视角

KF-21"猎鹰"战斗机

基本参数	
机身长度	16.9米
机身高度	4.7米
翼展	11.2米
空重	11800千克
最大速度	2200千米/小时
最大航程	2900千米

英文名称:	KF-21 Boramae
研制国家:	韩国
制造厂商:	航空宇宙产业公司
重要型号:	KF-21
生产数量:	尚未量产
服役时间:	2026年（计划）
主要用户:	韩国空军、印度尼西亚空军

　　KF-21"猎鹰"战斗机是一种双发战斗机，其外观设计与美国F-22"猛禽"战斗机较为相似，具备双垂尾和双发布局。该机的进气道位于机翼前缘延伸面下方，并采用S形结构，以提升隐身性能。主翼和水平尾翼采用小展弦比的梯形翼面设计，机头则采用隐身性能较好的菱形设计。

　　KF-21战斗机装备1门20毫米M61A1机炮，并设有6个翼下挂架和4个机腹半埋式挂架。在导弹配备方面，该机可搭载从欧洲引进的"流星"中远程空对空导弹、IRIS-T红外制导空对空导弹、"金牛座"巡航导弹，以及韩国自行研发的超音速空对地导弹。此外，KF-21战斗机还可挂载美制GBU系列精确制导炸弹和反坦克集束炸弹。由于未设计内置弹舱，KF-21战斗机不具备完全的隐身作战能力。

FA-50 攻击机

英文名称:	FA-50
研制国家:	韩国
制造厂商:	韩国航天工业公司
重要型号:	FA-50A
生产数量:	170架以上
服役时间:	2014年至今
主要用户:	韩国空军、泰国空军、菲律宾空军、印度尼西亚空军

基本参数	
机身长度	13米
机身高度	4.94米
翼展	9.45米
空重	6470千克
最大速度	1770千米/小时
最大航程	1851千米

FA-50攻击机是以韩国国产超音速教练机T-50为基础改造而成的轻型攻击机，机体尺寸、武装、发动机、座舱配置与航空电子和控制系统均与后者相同，两者的最大差异在于FA-50攻击机加装了一具洛克希德·马丁公司的AN/APG-67(V)4脉冲多普勒X波段多模式雷达，可以获取多种形式的地理和目标数据。

FA-50攻击机具备超精密制导炸弹的投放能力，服役后替代了20世纪60年代韩军装备的美制A-37攻击机和F-5战斗机等落后机型。2014年10月，FA-50攻击机装载AGM-65空对地导弹首次进行实弹射击训练，在1.2千米高空发射导弹，精确命中7千米外的目标，证明了FA-50能精确打击陆上和海上的目标。

"雄鹰" 通用直升机

英文名称：Surion
研制国家：韩国
制造厂商：韩国航天工业公司
重要型号：KUH-1、KUH-ASW、KUH-1P
生产数量：40架以上
服役时间：2013年至今
主要用户：韩国陆军

基本参数	
机身长度	19米
机身高度	4.5米
旋翼直径	15.8米
空重	4973千克
巡航速度	259千米/小时
最大航程	530千米

"雄鹰"直升机是韩国以法国"超美洲豹"直升机为基础发展而来的通用直升机，两者有一定的相似之处。"雄鹰"直升机配备了全球定位系统、惯性导航系统、雷达预警系统等现代化电子设备，可以自动驾驶、在恶劣天气及夜间环境执行作战任务以及有效应对敌人防空武器的威胁。

"雄鹰"直升机驾驶员的综合头盔能够在护目镜上显示各种信息，状态监视装置能够检测并预告直升机的部件故障。该机在两侧舱门口旋转枪架上装有新式7.62毫米XK13通用机枪，配有大容量弹箱，确保火力持续水平。"雄鹰"直升机的续航能力在2小时以上，可搭载2名驾驶员和11名全副武装的士兵。

"光辉"战斗机

英文名称：Tejas
研制国家：印度
制造厂商：印度斯坦航空公司
重要型号：TD-1/2、PV-1/2/3/4/5/6、NP-1/2/3/5
生产数量：30架以上
服役时间：2015年至今
主要用户：印度空军、印度海军

基本参数	
机身长度	13.2米
机身高度	4.4米
翼展	8.2米
空重	6560千克
最大速度	2205千米/小时
最大航程	3000千米

"光辉"战斗机是一种单引擎轻型战斗机，其研制工作始于20世纪80年代，受印度国力及航空科技水平的限制，研制进展非常缓慢，直到2015年才开始服役。最初印度打算整体的航空电子设备均由本国生产，但最终仅有60%的部件是国产。"光辉"战斗机配备了4个飞行线控系统，以减轻飞行员的处理负担。

"光辉"战斗机很大程度上参考了法国"幻影"2000战斗机的设计，采用无水平尾翼的大三角翼布局，使飞机拥有优秀的短距起降能力。而机身则采用了复合材料制造，有效地降低了飞机重量，也可以减少机身铆钉的数量，增加飞机的可靠性和降低其因结构性疲劳而产生裂痕的风险。

"楼陀罗" 武装直升机

英文名称：Rudra
研制国家：印度
制造厂商：印度斯坦航空公司
重要型号：Rudra Mk Ⅲ/Ⅳ
生产数量：90架以上
服役时间：2012年至今
主要用户：印度陆军、印度空军

基本参数	
机身长度	15.87米
机身高度	4.98米
旋翼直径	13.2米
空重	2502千克
最大速度	290千米/小时
最大航程	827千米

"楼陀罗"直升机是一种双引擎武装直升机。机体采用了装甲防护和流行的隐身技术，起落架和机体下部都经过了强化设计，可在直升机坠落时最大限度地保证飞行员的安全，适合在自然条件恶劣的高原地区执行任务。"楼陀罗"直升机还装备了电子战系统，配备日夜工作的摄像头、热传感器和激光指示器。

"楼陀罗"直升机主要用于打击坦克装甲目标及地面有生力量，具备压制敌方防空系统、掩护特种作战等能力。该机装有1门20毫米M621机炮，还可挂载70毫米火箭弹发射器以及"赫莉娜"反坦克导弹（最多8枚）和"西北风"空对空导弹（最多4枚）。在执行反潜和对海攻击任务时，还可挂载深水炸弹和鱼雷（2枚）。

LCH 武装直升机

英文名称:	Light Combat Helicopter
研制国家:	印度
制造厂商:	印度斯坦航空公司
重要型号:	LCH TD-1/2
生产数量:	20架以上
服役时间:	2022年至今
主要用户:	印度陆军、印度空军

基本参数	
机身长度	15.8米
机身高度	4.7米
旋翼直径	13.3米
空重	2250千克
最大速度	330千米/小时
最大航程	700千米

LCH直升机是一种轻型武装直升机，采用了武装直升机常见的纵列阶梯式布局，机身外形狭窄，阻力较小。这种布局的缺点就是后座飞行员下方视界较差，更重要的是会增加飞机的重量。为了解决机体增重而导致飞机战术技术性能下降的问题，LCH直升机的结构上采取较大比例的复合材料，以求最大限度地降低飞机的空重，并提高直升机的隐身能力。

LCH直升机的武器包括20毫米M621型机炮、"九头蛇"70毫米机载火箭发射器、"西北风"空对空导弹、高爆炸弹、反辐射导弹和反坦克导弹等。多种武器装备拓展了LCH直升机的作战任务，除传统反坦克和火力压制任务，LCH直升机还能攻击敌方的无人机和直升机，并且适于执行掩护特种部队机降。

"信天翁" 教练/攻击机

英文名称：	Albatros
研制国家：	捷克斯洛伐克
制造厂商：	沃多霍迪公司
重要型号：	L-39C/CM/V/ZA/MS
生产数量：	2900架以上
服役时间：	1972年至今
主要用户：	捷克斯洛伐克空军、利比亚空军、叙利亚空军、捷克空军、斯洛伐克空军

基本参数	
机身长度	12.13米
机身高度	4.77米
翼展	9.46米
空重	3455千克
最大速度	750千米/小时
最大航程	1100千米

　　"信天翁"教练/攻击机是一种高级教练机，也可作为轻型攻击机使用。该机采用了耗油率低的AL-25TL涡轮风扇发动机，进气口位置较高，有防护装置，增强了抗外来物撞击的能力。该机外形简洁，机身结构分为前后两段，前段又由三部分组成，依次为层压玻璃纤维机头罩、增压座舱、燃油箱和发动机舱。后机身能快速拆卸，方便了发动机的维护和保养。机翼为悬臂式下单翼，每侧翼尖上安装有固定油箱。翼下有空速管和武器挂架。

　　"信天翁"教练/攻击机易于操纵，在轻型螺旋桨飞机上受过基础训练的飞行学员可直接驾驶，这是它的一大优点。该机在恶劣的气候或高温多尘等环境中都能保持其良好的性能。总的来说，"信天翁"教练/攻击机可靠性高、易于维护、便于保养，有较长的服役寿命。

L-159 教练/攻击机

英文名称:	L-159
研制国家:	捷克
制造厂商:	沃多霍迪公司
重要型号:	L-159A/B
生产数量:	72架
服役时间:	2000年至今
主要用户:	捷克空军、伊拉克空军

基本参数	
机身长度	12.13米
机身高度	4.77米
翼展	9.46米
空重	3440千克
最大速度	755千米/小时
最大航程	1800千米

L-159教练/攻击机是一种多功能亚音速教练/攻击机,有单座的L-159A和双座的L-159B两种型号。该机采用了悬臂式下单翼,上反角为2.5度。翼尖仍然保留固定翼尖油箱,这一设计在现役战斗机中极其罕见。由于机翼沿袭了6.5度的前缘后掠角,因此L-159教练/攻击机具有较好的中低速性能和巡航能力。

L-159教练/攻击机的动力装置为一台霍尼韦尔F124-GA-100涡扇发动机,采用了数字式发动机控制系统、燃油防爆系统和座舱防弹系统。机头安装意大利的多功能脉冲多普勒雷达,采用美国波音公司的航空电子系统,装有英国 BAE 系统公司的"天卫"200雷达告警系统以及箔条和曳光弹投放器。该机共有7个外挂点,可挂载美制AGM-65空对地导弹、AIM-9空对空导弹和CRV-7火箭弹等武器。

C-295 运输机

英文名称:	C-295
研制国家:	西班牙
制造厂商:	卡萨公司
重要型号:	C-295M/MPA/W
生产数量:	136架
服役时间:	2001年至今
主要用户:	西班牙空军、墨西哥空军、波兰空军、埃及空军

基 本 参 数	
机身长度	24.45米
机身高度	8.66米
翼展	25.81米
最大起飞重量	23200千克
最大速度	480千米/小时
最大航程	5278千米

　　C-295运输机是一种中型涡轮螺旋桨多用途运输机，以老式的CN-235运输机为基础改进而来，两者有85%的部件相同。虽然C-295运输机的货舱仅比CN-235运输机的货舱长出3米，但它的运载能力却比CN-235运输机多出50%。C-295运输机可以运送73名士兵，5个标准平台或者27副为疏散伤员准备的担架。

　　与CN-235运输机相比，C-295运输机还加固了机翼结构，在两翼下增加了3个外挂点，改进了机舱的增压系统和电子设备，并改用了推力更大的发动机，即两台普惠PW127G发动机，单台功率为1972千瓦。

第 7 章 其他国家军用飞机

▲ C-295运输机准备起飞

▼ C-295运输机侧面视角

参考文献

[1] 军情视点. 全球战机图鉴大全[M]. 北京：化学工业出版社，2016.

[2] 保罗·艾登. 现代世界各国主力战机[M]. 王凯晨，译. 北京：中国市场出版社，2014.

[3] 西风. 经典战斗机[M]. 北京：中国市场出版社，2014.

[4] 李大光. 世界著名战机[M]. 西安：陕西人民出版社，2011.

[5] 青木谦知. 美国空军大揭秘[M]. 闫秋君，译. 长春：吉林出版集团有限责任公司，2013.